周山荣

　　1981年7月生，贵州仁怀人。持续研究贵州茅台酒、酱香型白酒近20年，著有《茅台酒文化笔记》《人文茅台》《山荣说酒》等作品100余万字。

　　作品自称"仁怀酱酒的服务员"，人称"中国酱酒的愚公""茅台镇最懂酒文化的人"。性格念旧，爱好吹牛。擅长在不喝酒时说酒，在喝酒时逃跑。系贵州省白酒特邀评委、国家一级品酒师、贵州省作家协会会员，是中国酿酒大师吕云怀入室弟子。

周山荣

著

聊聊

酱酒

经济日报出版社

图书在版编目（CIP）数据

聊聊酱酒 / 周山荣著.-- 北京：经济日报出版社, 2021.3
ISBN 978-7-5196-0767-8

Ⅰ.①聊… Ⅱ.①周… Ⅲ.①酱香型白酒-酒文化-
中国-文集 Ⅳ.①TS971.22-53

中国版本图书馆 CIP 数据核字（2020）第 258416 号

聊聊酱酒

作　　者	周山荣
责任编辑	王　含
责任校对	蒋　佳
出版发行	经济日报出版社
地　　址	北京市西城区白纸坊东街 2 号（邮政编码：100054）
电　　话	010-63567684（总编室）
	010-63584556　63567691（财经编辑部）
	010-63567687（企业与企业家史编辑部）
	010-63567683（经济与管理学术编辑部）
	010-63538621　63567692（发行部）
网　　址	www.edpbook.com.cn
E－mail	edpbook@126.com
经　　销	全国新华书店
印　　刷	北京文昌阁彩色印刷有限责任公司
开　　本	710mm×1000mm　1/16
印　　张	17.75
字　　数	270 千字
印　　数	0001-5000 册
版　　次	2021 年 3 月第一版
印　　次	2021 年 3 月第一次印刷
书　　号	ISBN 978-7-5196-0767-8
定　　价	49.00 元

序

郭五林

　　山荣说酒，满身酒味。

　　山荣从微信上发给我《聊聊酱酒》，让我给写个序。我这段时间正在整理《宜宾酒文献集成》，要从数以千万字的各种书稿中筛选出与宜宾酒密切相关的文字来，而且又要考虑将来经得起大家的检验，所以说还得沉下心来细细地读那一堆书。该书有我们宜宾学院文学与新闻传媒学院李修余、彭贵川等编著的《中国酒文化献集成》的一部分，说是一部分，是因为全书出版预计要花10年时间，总计出版稿有9800万字的古文！我手里现在有的只是《中国酒文献专书集成》《中国酒文献篇卷集成》《中国酒文献诗文集成》等大约1600万字的图书。其他还有《当代中国酒界人物志》《中国白酒》《四川省志川酒志》《宜宾市志》《宜宾市工业志》《五粮液志》《中国酒史》《宜宾酒文化史》等很多图书。慢工出细活儿，我总是整天地在我工作室里读书。山荣这书稿，比起我读的这些书来，显然逻辑不严密，语法不严谨，更不用说微言太义、言简意赅了。

　　不过山荣是多年好友，还得抽时间来读读山荣的电子稿。手机上看文稿很不舒服。纯文本稿不适合手机阅读。我每天都在看学习强国，学习强国的编排很适合手机观看和阅读。山荣的文稿没怎么编排就发给我了，这说明山荣的酒兴一发，激情一来，就开始工作了。

　　这段时间，我还要评审学生的毕业论文。所以从评审这个角度来看，书写错误、语法错误、标点符号错误满篇都是。但你若真这样理解，按山荣的话说，"你就进套了！"你肯定忘了本书的书名叫《聊聊酱酒》，所以，从酒文化的角度来讲，你权当山荣说的是酒话，这样你就心里释然了。我之所以在前边一直批评山荣的写作，就是让你进入山荣设置的圈套。

山荣设置的圈套很多，先让你进套，然后又为你解套。学术语言、公文语言、演讲语言、交流语言、网络语言等混成一堆，杂乱无章，表面看形式工整，细看全无章法，就像 60 年老酒、30 年老酒、10 年老酒、5 年酒、3 年酒、1 年酒、新酒混在一起，初看是简单地摆在一起，揉成一团，但细细品尝，却又能酒香浓烈，醇厚优雅。

这就是茅台镇的周山荣，满满的都是茅台镇的酒味道。

山荣其实是抓住了手机时代快餐阅读的特点，每段文字都只有一点点，大体上不超过微博规定的 140 字吧。让人在 1 分钟之内就能阅读完一节。语言杂糅，其实是为了增加阅读快感的。山荣想方设法把茅台镇的酒从形式上让读者喜欢，读者要是不喜欢读那就全完了。所以山荣先把读者情绪调动起来，"不管你是爱我还是恨我，但千万别不理我。"所以山荣总是现场感很强地写作，总是有很多假想酒友在场，初上来和风细雨，接上来狂风暴雨，又或是轻言少语，再或是无言无语。相逢一杯酒，离别一杯酒；感恩一杯酒，泯仇一杯酒。酒里乾坤大，壶中日月长。我敬往事一杯酒，往事欠我很多情。酒喝多了话就长。将进酒时头脑还清醒，知道"黄河之水天上来"；酒喝多了，就开始唱歌"岑夫子，丹邱生，将进酒，杯莫停"；酒喝醉了，都说没醉，"五花马，千金裘，呼儿将出换美酒"。

山荣好"说酱酒"，好在朋友圈炫酒文化。毕竟他是仁怀市文联主席，要没点酒文化都不好意思在朋友圈里混。不过，山荣喝酒，明显醉的是别人，而不是自己。

权为序。

2019 年 5 月 2 日于宜宾

"酒民工"进阶指南

在我们村，受江湖传闻的误导，烤酒卖酒是被人误读最深的两个职业。

吃香喝辣，穿金戴银，香车宝马……这些词汇，都不能穷尽人们对烤酒卖酒人的想象。

对这个行业，人们趋之若鹜，欲罢不能。烤酒卖酒，成为每一个酒都仁怀人既爱又恨的职业（茅台员工例外吗？细思未必）。

作为成年人，你清楚，想象的酒圈和实际的酒圈，有着云泥之别。你看到的未必是你看到的，你听到的也未必是你听到的。

作为 2002 年入行的酒圈老鸟，山荣整天吐槽，说明了一个问题：山荣没有搞到事！痛定思痛，我深深觉得自己格局不够，所以怨念日深，不可收拾。于是我痛改前非，决定身体力行地支持酒业发展，并以毕生所学向行业新人倾囊相授。

以下"酒阴真经"，你可得拿稳了：

1. 新人入行，不要对收入抱太高期望。一些酒厂的"酒长工"，是没有底薪的。一些有底薪，但那也只能让你不会饿肚子。行业复苏了，老板们很兴奋，一定会告诉你卖酒的前途一片大好。但是，请记住：希望越大失望就越大。如今的酒圈坑少屁股多，要想在这行蹲出点名堂，先要努力站稳脚跟，就像大城市挤地铁，姿势不重要，上了车关上门才重要。

2. 认清行业地位。如果看到你的老板、你的上司陪人喝酒胃出血仍面不改色，客户骂得狗血淋头仍笑脸相迎，千万不要以无自尊无骨气轻视之。因为，这是"酒民工"长久的职业生涯练就的真本领，凝聚了"酒民工"毕生的功力。孙猴子跟菩提祖师学七十二般变化、翻筋斗云的时候，想必也是这个样子。如果你难受，你委屈，反正你卖酒，不妨来几杯，对苦大仇深的"酒民工"来说，酒精是最好的"良药"。如果你实在过不了这一关，那就趁早溜之大吉，另谋高就。

3. 摆正自己的位置。这行一般都习惯称人为"总"，无论是同事、同行还是客户，周总、李总、田总、贺总……除了损人，一般不要叫"老师"。你说你初来乍到，老同事皮笑肉不笑地跟你客套一下，说"大家自己人，不要客气，你叫我山荣或者老周就行"，你就信以为真，每天张口闭口"老周老周"叫个不停的，如此令人发指的低情商，早晚有一天会把自己人"周总"叫成隔壁"老周"的。

4. 认清工作性质。酒老板们一般都自称"我就是一烤酒卖酒的"。前方高能：我没有用大家通常认为的自嘲或自黑，而是说自称。那是因为，这个大家司空见惯习以为常的说辞，在不同语境下的意义是截然不同的。他可能是烤基酒卖散酒搞贴牌的，也可能是售卖茅台集团技开、保健这些子公司酒的。其实，酒老板们的内心，一定有着酒都人坚强不屈的骄傲。如果你对你老板的产品、品牌、模式有一肚子的话想说，那山荣奉劝你，在你帮他卖出去1000万之前，要么忍，要么走。

5. 尽快搞清楚"行业三件套"：行业说辞、公司资料、合同范本。行业说辞，说白了就是客户来了以后，你老板、同事跟客人"吹的牛皮"。这个很重要，这才是一个公司真正的企业文化，不要相信老板挂在墙上的那些口号、标语。公司资料，不是公司的营业执照和生产许可证，这个山荣不说你也知道，而是公司那些做事的套路。相信我，做事不要怕套路，套路一点都不俗。合同范本，就是如果这单生意你搞成了，你得第一时间反应过来，以最快的速度与客户把合作事实固定下来。

6. 要尽快了解公司股东大会的运行机制，老板的风格与偏好。这关系到你是否跟对了领导，更关系到接下来你能否有所作为。对于一名"酒民工"来说，股东（注意，我说的不是老板，也不是董事会）是一家酒业公司核心的核心，最能体现一家酒业公司的企业文化和特色。股东的品位和格调直接关系你未来能赚多少钱，能否走上"卖酒事业的巅峰"。如果连这一点你都还云里雾里，那山荣只能说：你不该来卖酒，你去喝你的酒吧。

7. 打杂是日常操作，千万不要嫌弃或抱怨。须知，世事洞明皆学问，打杂也是通往金字塔顶端的必经之路。等你有一天进到"高阶"了，再复盘这段打杂经历，你便会风轻云淡，会心一笑，因为你会发现，现在干的活儿和当初打杂其实差不多。

8. 眼里要有活。"酒民工"们每天要跟各种人物打交道，说出的话能装几箩筐，没有人有空、有闲心关心你发了什么朋友圈，中午饭吃了没有。大家都是卖酒人，伺候客户伺候惯了，不习惯使唤人，你不主动，他（她）也很难主动找你。习惯点赞的就很容易"手滑"，哪怕他对那条信息没兴趣。优秀的"酒民工"，本领都是从前辈那一举一动、一颦一笑、一言一行中偷学出来的。

9. 不要养成坏习惯。宏观大势，国际热点，你可以了解可以懂，但没必要整天挂在嘴边，更不能指点江山激扬文字，视你的行业为粪土。听说过这个段子吧：有位名校毕业生刚进入公司就为公司的经营战略和管理机制等各项问题，写了一封"万言书"给董事长，本以为会得到认可和提拔。老板看后批示："建议辞退。"说的就是这个理。在商言商，干一行就说那一行的话。

10. 功夫都在"套路"外。读到这里，你可能已经掌握了"行业三件套"，但是，千万不要以为"套路在手，天下我有"，就再也不把行业前辈放在眼里。山荣非常负责任地跟你讲，"真正的干货都在暗处，成交的核心竞争力在明文里是找不到的。"比如，你上司、老板如何搞定了难缠的客户，比如公司里的串香酒怎么卖出了大曲酱香酒的价钱……这些都是场面上学不来的，那是"酒民工"们日积月累无数次试错之后的经验。每一条干货的背后，都凝聚着"酒老民工"挥不去的汗水味儿。

11. 用心做事。入行之后，你会发现人与人之间智商上的差距，其实没有你和他的身高那么悬殊。也许你总是不服气，对方农村出身高小毕业又傻又笨……但是，人家把酒卖出去了。警告：在酒圈，学历不重要，智商不重要，专注才重要。不管你是在大的名酒集团上班，还是在上坪村的某家酒厂打拼，道理都是相通的。学历只是敲门砖，进入酒圈，就只看活儿好不好了。

12. 要有所敬畏。这个行业，准入门槛确实不高，有不识字的、有小学生也有博士还有海归，大家都在干同一件事：烤酒、卖酒。你可以有优越感，但相信我，没有人真正在乎这个。你的公司、你老板能给你搭平台，给你发工资，总有他的过人之处。请敬畏传统。罗马不是一天建成的，茅台不是一天起来的，酱香不是一天成就的！请热爱不同。找相同的人聚会，找相近的事去做，当然舒服安逸，但是，你要在10万卖酒人中杀出一条血路来，从士兵成长为将军，只有一条法则：品牌也好，营销也罢，"不同"就是创新，就是价值，就是未来！热爱消费者。"消费者就是上帝"，其实没人指望你真的把消费者当成"上帝"，只要当成自己的"亲戚"就行。

最后，最最重要的一点：不要忘记你是谁！酒圈是一个名利场，是一个充满诱惑的花花世界，要抗得住诱惑。不要去碰自己不该碰的东西，不能见了钱就挪不动脚。有些东西，时候不到，就不属于你。干好你当下的活儿，就有未来！

目 录
CONTENTS

01

说酒·深度

没有多少人真正在乎你的生死存亡！权图说，你是"拿榔头都敲不醒的企业"；山荣说，你是靠酒精麻痹自己。或者说，你已经迷失在"千亿"进程的繁华景象中，成为了一只温水煮着的青蛙。

现在，山荣宣布：酱酒中小企业"安乐死"工程，正式启动！

迷信"酱酒市场将突破千亿"，淘汰的就是你

2018 年 2 月 28 日，权图先生《茅台引领，酱酒市场将突破千亿，史上最全酱酒发展报告出炉》，引来行业一片叫好。权图先生抬爱酱酒的用心和好意明了，但山荣对他的观点却不敢苟同。因为，"酱酒市场将突破千亿"是个伪命题。如果你把命题当真理，淘汰的就是你。

001　山荣说酒的基本观点

白酒回暖？很遗憾，与你无关！

酱酒开始了新一轮的市场发展期。这是事实，我不反对，而且，你也感觉到了，不用我说。但是，对大多数酱酒中小企业来说，这个春天注定与你无关。

诚如权图先生所言，"白酒市场的品牌集中度开始大幅提升"，一二线白酒品牌，具体到酱香品类，梯队的前 20 强，将持续发力。这就意味着，以为船小好调头的你，生存空间将被严重压缩。所以，你只能往低端走。**恐怖的是，低价、低质是条不归路。**你的包装车间倒是热闹起来了，但现金流却未必热闹。况且，低端而后低质，最后你会发现这根本就是一个死胡同。

"好酒"能赚钱？不好意思，你只能"干瞪眼"！

根据 2010—2019 年仁怀市国民经济和社会发展统计公报批露的数据，

2019 年，仁怀白酒（统计公报称"饮料酒"）产量 17.78 万千升；2018 年 21.80 万千升；2017 年 30.46 万千升；2016 年 32.73 万千升；2015 年 32.55 万千升；2014 年 34.20 万千升；2013 年 31.08 万千升；2012 年 25.30 万千升；2011 年 18 万千升；2010 年 13.55 万千升……据统计，仁怀市现有酱香酒生产窖池 6.3 万～6.5 万口。酱香酒所谓好酒，特指"大曲酱香酒"。2017、2018、2019 年，当地酱香酒实际投产窖池 2 万～3 万口，大曲酱香酒的产量其实不会超过 20 万千升。

那么问题来了，春节前山荣就说过，茅台镇现在有一种人日子过得挺滋润，那就是"酒好客户好"的人。但是，2013 年至 2017 年，大曲酱香酒产量逐步回落，生产断档和年份酒贮存不足，已经制约了商品酒的质量和价格。更让人郁闷的是，**谁都知道手上有"好酒"能赚钱，但痛苦的是你手上已经没有好酒了**。可能你谋划着再烤点好酒，但心有余而力不足了。可见，这还是一局死棋。

想走"互联网＋"？对不起，此路不通！

产品"好"不起来、"新"不起来，也就罢了，毕竟，咱好歹还有品类红利、产区红利可以苟活。但价格战不是我们能玩得起的。2013 年以来的实践已经证明，那些大搞特搞低价酱香酒的人，在山荣看来不是赚不赚吆喝的问题，而是——**死刑，缓期执行，简称"死缓"**。

渠道呢？权图先生认为"主流的企业通过运用更加现代的手段和工具加快了对其核心消费人群的争抢"，这个才是重点！你想从茅台、青花郎手里抢粉丝，可能么？所以，**在"互联网＋"的问题上，就没有必要再进一步讨论酱香的消费习惯、人才制约等问题了**。一句话，很残酷但很实在：酱香中小企业想走"互联网＋"？对不起，此路不通！

002　不要被"酱酒千亿"迷糊了双眼

你要做的是搞清楚你究竟是谁。

我不否认"带头大哥"的"天花板"效应和品类红利，但是，这个"漏"

真的轮不到你和我来"捡"。

2019 年茅台集团营收 1003.10 亿元。归属上市公司股东净利润 308.68 亿元。利润总额高达 630.15 亿元。这些数据，就不用山荣再来扯闲篇了。山荣说过，海龙王怎么呼风唤雨也和虾兵蟹将们关系不大。这就跟孙悟空荣登天宫，他的猴子猴孙们还是只能在花果山上蹿下跳一个道理。

二线酱酒企业不敢挑战"带头大哥"，那他拿谁开刀？

如果说，10 年前挑战"带头大哥"是市场勇气和远见的话，而今，如果谁还敢拿茅台作"参照"，粗暴点说，**简直就是蚍蜉撼树！**

不是山荣看不起你，而是包括郎酒、国台、金沙、钓鱼台等在内的"二哥"们，虽然目光死死盯住"大哥"，**手却没有用在"茅台酱香系列酒"身上，而是直接拿酱香品类的 TOP10（前十强）座次开刀。**

否则，你以为，汪俊林喊"中国两大酱香白酒之一"是无病呻吟？你以为，习酒、国台几乎同时登陆央视是意气用事？你以为，钓鱼台、金沙 2019 年以来都在吃喝玩乐？

不是你太慢，而是兄弟们太快了！

山荣坚持认为，2017 年仁怀销售实现过亿的企业，不止 30 家。理由不解释。举个例子，有名不见经传的酒厂，2019 年纳税"数千万元"，闷声发着大财。

以夜郎古为代表，2013 年以来仁怀的部分中型酱酒企业调转"码头"，开始了市场化、品牌化运作，包括权图先生所说的部分创新型企业，如肆拾玖坊等等，业绩也许没有网上传言的那么牛逼，**但也确实足以傲视小兄弟们了。**

简单点，不是我们太无能，而是对手太优秀。逆水行舟，不进则退。或者说，"酱酒大哥挤二哥，二哥挤三哥，三哥死在阵地上……"总体来看，在茅台的引领下，2017 年酱酒市场取得了巨大收获。但是，**这个春天，是大哥、二哥、三哥们的春天，与尔等小弟无关。春天来临时，就是你倒下之时！**

003 你就像一只趴在玻璃上的苍蝇，前途一片光明，但找不到出路

茅台是酱酒市场的超级发动机不假，但酱酒的品牌窗口期已经过去了。

茅台曾牵头召开了"贵州白酒圆桌会议"，合唱"大家好才是真的好"。"带头大哥"终于拿出一点姿态了，我们当然也乐见其成。但是，茅台镇、酱香酒的小兄弟们，**你们连这张入场券都还没拿到呢。**

茅台的巨大成功给酱酒的品类背书，二哥、三哥们才有能力承接；产区背书带来的溢出和溢价效应，**其实不过是让你继续打打"擦边球"，继续做着资本积累、"等我有了钱"的美梦，然后幸福地沉寂。**

缺乏品牌的"品质优势"都是自欺欺人！

是的，酱香酒的品质优势在中国白酒香型、品类中得天独厚、独一无二。你知，我知，大家知。甚至可以说，酱酒已经初步完成了这一消费认知。但是，山荣还是要警告你：**一切缺乏品牌、没有品牌的所谓"品质优势"，都是自欺欺人。**

这是因为，你不是自酿自饮，你更不是开个作坊酿点酒补贴家用，你是在做生意。所以，品质优势只能让你打着"健康"、"生态"、"茅台镇"的旗号，卖点低价酒。**并不意味着，你能有条件、有希望、有可能把自己的大曲酱香酒，卖出好价钱。**更不意味着，你能在"品质＋品牌"的进程中，获得一丝一毫的溢价。醒醒吧，酒老板们！

仁怀酱酒产业的物质基础，绝对不是好处而是负担！

首先，我想和你打个赌，目前贵州窖池绝对不会有 75000 口，下沙量无论按企业主体算还是按窖池数算，绝对达不到 90%。其次，仁怀现有窖池 6.3 万～6.5 万口，理论产能已达 52 万千升左右。再次，以酱酒原产地仁怀而论，理论极限产能为 70 万千升，实际产能上限约 50 万千升，2017～2019 年实际产量不超过 20 万千升。

一方面，2011 年"一看三打造"战略刺激白酒产能扩张，催生了这场

产业升级。任何事物，必然从量变到质变。另一方面，**如此这般"酱酒产业的物质基础"正是把你拖进深渊的罪魁祸首**。它不仅不是好处，而是负担，甚至是累赘。否则，你早就眉开眼笑了，哪里还有时间看山荣扯这些闲篇呢。

当然，这个物质基础确实能够进一步强化以茅台镇为代表的酱香品类的稀缺效应。**但是，你可能等不到那一天了**。

资本确实来了，但是，你不在他的圈子里！

我承认，优秀资本还在持续进入酱酒产业。但是，山荣的以下几个观点，你最好知道：

资本为什么来？对，来赚钱。茅台镇现有酿酒企业1000家。仁怀有酒类企业约4000户，其中生产型酒类企业354户、小作坊1000余户、白酒销售企业2000余户。那么，**你被资本选中的机会如何？从概率上讲，小于1‰。**

资本来干什么？娃哈哈、海航的教训警醒资本们，赚快钱别做酱酒（理由权图先生已做了详尽分析）。他们要么不来，来了，就是憋足了劲的。**长线操作的资本，酱酒中小企业显然不是首选。**

资本来了怎么干？上海海银、深圳华昱的到来让你明白了一个道理：做酒，只要肯干你就能活到今天！但是，**在磨刀霍霍的资本面前，你没有便宜可捡！**

高不成低不就的尴尬！

酱酒开始杀入其他白酒主流价格带，酱酒腰部市场将成为第二增长极。这是对"二哥""三哥"们而言的。这从茅台酱酒公司从2016年的23亿销售，狂飙到2017年的65亿，再到2018年突破80亿，足以证明。对酱酒中小企业，不好意思，你已经陷入了一潭叫做"高不成低不就"的泥沼中。

在100～300元、300～500元等核心价格带，酱酒中小企业前有郎酒、习酒、国台、钓鱼台等强敌，后有珍酒、劲酒、醉客骁勇追兵。**往上走，你压根不是对手，机会都没有；往下走，以金沙等为代表的阵营已全线覆盖线上、线下，竞争异常惨烈**，而且，酱香酒的成本迫使你有劲也使不上。

大企业们的那些方法和手段，你玩不起、玩不转！

每年，各大酒企都会搞很多的品牌活动，比如茅台的"茅粉节"、茅台酱香的"香飘万家"活动、郎酒的"青花盛宴"、习酒的"醉爱品酒师"活动、国台的"股权商品鉴会"……确实，这些大企业的引领为酱酒的市场运作找到了方法和手段，也为品牌推广提供了思路和策略。但是，各位小企业主们，你难道没有发现：别人做起，顺顺当当；你若搞起，棍棍棒棒。原因其实挺简单，**这是一个弱肉强食的时代，大企业们的那些方法和手段，你玩不起、也玩不转！**

比如，以品鉴会、社群营销、酱酒体验之旅等为主的推广方法，你是不是做过尝试？除了"没钱搞"以外，难道就没有其他的困难和问题了吗？比如"抓大放小"，你可能是"被抛弃"的那个。比如"招大引强"，你可能是"被边缘"的那个……

004　干掉你，却与你无关

不可否认，酱酒市场进入了新周期。至少从宏观来看，正在迎来又一春。但从微观来讲，特别是从酱酒中小企业的维度观察思考，**酱酒"千亿"进程，碾压的就是你！"千亿"进程，真的与你无关！**

"酱酒市场将突破千亿"，山荣这样"翻译"：这，其实不过是"带头大哥"突破千亿。请记住：奖状和成绩单都是属于优胜者的；在酱酒这间教室的角落里，你得学会照顾自己。在这场激烈的竞争中，你要么抓紧捡点残羹剩饭，寻求一线生机；要么提枪上战场，被人当头来一炮。虽然，你可能不承认这个事实。

就像 2013 年那场行业升级，到今天一些人生意还在做，营业执照也没有注销，政府也没视你为"僵尸"，但是，你就像大雪里的一株嫩芽，**以为自己就要迎来春天，结果，却被冰雪消融的那场雨水淹死了。**

这是一场"王者荣耀式"大比拼，大哥"称孤道寡"，二哥"群雄逐鹿"，三哥"觊觎交椅"，而你在酱酒的饕餮盛宴中只能是个配角。**不是你不优秀，只是人家太优秀；不是别人不合群，而是你不在他的圈子里。**仅此而已。

没有多少人真正在乎你的生死存亡！权图说，你是"拿榔头都敲不醒的企业"；山荣说，你是靠酒精麻痹自己。或者说，**你已经迷失在"千亿"进程的繁华景象中，成为了一只被温水煮着的青蛙。**

现在，山荣宣布：酱酒中小企业"安乐死"工程，正式启动！

名字都起不好，还卖什么白酒，还做什么品牌

有人问我，"15酱"咋就能注册呢？

这话的潜台词是，汉语文字千千万，有智慧的大脑万万千，咋就想不出一个响亮的品牌名字来呢？2017年6月，有一家名叫"宝鸡有一群怀揣着梦想的少年相信在牛大叔的带领下会创造生命的奇迹网络科技有限公司"在朋友圈和微信群刷屏了，名字竟然长达39个字。一家四线城市的创业公司，仅靠名字躺刷了北上广深的朋友圈。

这又是一个仅靠名字就获得刷屏级传播的案例，同时也唤醒了我的深思：一个好的品牌名字，对公司到底有多重要？

名字起得好，预算花得少。

名字起得好，曝光少不了。

名字起得好，合作来得早。

……

不扯，说正事。

说到名字，我想从中国名优白酒品牌的历史说起。

发展到今天，中国白酒的品牌名大致经历了四个时代。

001 第一代的名字

第一代的名字，时间上都起源于改革开放前。这些品牌名，**往往以地名或地方特征，或生产原料、生产工艺，或诗词歌赋、历史典故命名**。

举个例子：1989 年全国评酒会评选的中国 17 种名酒：茅台酒、汾酒、五粮液、洋河大曲、剑南春、古井贡酒、董酒、西凤酒、泸州老窖特曲……

这一代的企业都是根正苗红的国有企业，是"共和国的长子"。所以，它们继承了当地甚至可以说中国最优质的酒产业、酒文化资源，对形成"品牌"的地名、工艺、典故等等，它们也往往拥有垄断地位。

转换一下时空，在当下如果你的新"品牌"名叫做"坛厂"（毗邻茅台镇的一个镇）、"九粮液"（比五粮还多四粮，确实有这么一个产品）或者"瀼河大曲"（瀼河，在河南省鲁山县），会有多少消费者买账？即便你信心满满，你又有多大可能把它培育成一个家喻户晓的品牌？

第一代名字总体特点：难记忆、难识别、略土。

比如，茅台没"出名"以前，谁知道它是谁？这是记忆难、识别难。洋河，光听名字其实真心有点土，虽然它叫"洋河"。

002 第二代名字

第二代名字，兴起于 20 世纪 90 年代。改革开放 10 多年以后，民营白酒企业如雨后春笋般涌现。以酱香酒原产地仁怀为例，20 世纪 90 年代中期，官方统计的酒类注册商标就有 200 余个（1984 年仁怀全县酒类注册商标 97 个）。

第二代白酒品牌名，**仍有第一代的影子，沿用地名、地方特征等，但更加强调文化"调性"，变得文雅起来**。就全国而言，有秦池、孔府家、百年孤独、小糊涂仙等；四川有丰谷、红楼梦、金六福、金盆地、国粹；仁怀有怀庄、黔台、茅河、茅渡等。

这些名字，有些还活跃在中国酒业江湖中。有些，早已不见踪影多年。**而且，资本的身影十分活跃，比如华致酒行；酒业开始跨界文化，比如小糊**

涂仙。但这不重要，重要的是：

自此以后，传统白酒命名的九大领域，即地名或地方特征、生产原料、生产工艺、诗词歌赋（历史典故）、帝王将相（才子佳人）、宗教神仙、历史年代、时代特征及场所、动植物等，被"挖掘殆尽"——即便没有使用，形成产品销售，但几乎都已经被注册了。

第二代名字总体特点：文雅了，不过还是很难记。

比如，"小糊涂仙"以文绉绉的"糊涂文化"，搅活了酱香酒当年的一坛死水。但是，你真不觉得很难"记"？

003　第三代名字

第三代名字，伴随着"白酒黄金十年"和互联网的发展浪潮，大约在2010年前后开始出现。

三代名字在继承的基础上有所创新，基本特点：**一是"调性"更足了，用今天的说法就是更有格调了。二是受互联网思维的影响，更加"走心"。**有一些是传统品牌改头换面后重出江湖，比如"小村外"；另一些是"直奔主题"，诉求更加明确，比如"洋河蓝色经典"以及青春小酒的优秀课代表"江小白"。

这次"升级"，白酒品牌名变得为"广大人民群众喜闻乐见"。因此，这些名字简单易记，比如"老村长"，你可以不喜欢它，但你不得不承认，这词说起来非常顺口，而且特别容易记住，还有那么一点调调——比如怀旧、比如乡愁。

三代名字的特点：好记，调性更高，更有情调。

要在10年前，"江小白"这名你听了，会不会问这是什么？而"蓝色经典"作为白酒品牌名，更是令人莫名其妙。

004　第四代名字

第四代名字，除了特别好记，还自带流量和内涵。

流量解决的是品牌传播问题，内涵解决的是品牌忠诚的问题。

第四代名字的时间，可能要从2015年后开始算，目前还很难找到特别出彩的案例。近期山荣比较看好的，**是华致旗下的"一坛好酒"。**

"一坛好酒"其实只是副品名，全称是"金六福·一坛好酒"。**"一坛好酒"，自命内行的你是不是还看不上这个名字？但你想过没，这个名字极富"场景"**——买酒的，"来瓶一坛好酒"；喝酒的，"就喝一坛好酒"。**名字被自然植入消费过程。**

上了酒桌，服务员推荐"一坛好酒"。消费者一听"一坛好酒"，好像还不错，那尝尝看？尝尝就尝尝，尝完了发现酒还可以，名字还有点意思，下次喝酒，还喝"一坛好酒"。这就是流量！

为了把第四代名字说清楚，"跨界"举个例子："没想稻"也算一个第四代名字，卖五常大米（你可能对这样的名字有些抵触，但你得明白，现在的消费者就好这一口）。

再举一个比较落地的案例，解释下什么叫做好的第四代名字自带流量：

几家并排开设的超市，其中一个超市老板灵机一动，给自己的超市起了个名字叫"超市入口"，于是想找超市在哪里的不明真相的群众就纷纷进入了"超市入口"。

下面，山荣再以"一坛好酒"为例，给大家详细分析什么叫自带流量。

005　社交货币流量

社交货币是指人们在社交过程中，那些有趣的、好玩的素材，这些素材往往是人们社交中所需要的。**酒民们喝酒的套路，往往是这样的：**

今晚喝点吧？

喝啥？

喝一坛好酒呀。

（上了桌）

喝点吧？

算了，不喝了吧。

没事，今天喝一坛好酒，少喝点儿。

那好吧，一人一瓶啊。

行！

你也许收获了一点点社交愉悦感，觉得这个客自己请得棒棒的。然后，你就在不自觉中，当了吴向东（金六福品牌创始人）的免费营销员。

006　场景提及流量

场景提及流量是一个即使专业的营销人士也不熟悉的概念。这里还是以"一坛好酒"为例。你是卖酒的，**你跟客户聊天，客户总会问"你究竟卖的什么酒？""一坛好酒"啊！**

这个时候，你完成了一次场景提及，给他留下了一个印象，这也是口碑传播的机会："你知道吗？有种酒叫'一坛好酒'。"场景特别正面，"一坛好酒"的一刻是一个营销人非常美妙的一刻。

007　被动流量

被动流量就是客户或者媒体无意识地、被动地接收了品牌信息，不自觉地进行传播。第四代名字在对外合作特别是媒体传播时，尤其讨喜。比如，你搞了个活动，大谈特谈理念、模式，但是，记者的稿子中会"不经意"地冒出"一坛好酒"的字样来——媒体编辑自己可能都还没有意识到，他（她）已经被"植入"了。

还有经销商卖酒，卖的啥酒，"一坛好酒啊！"这不全是"讨喜"，在一些人看来，它可能还事关"风水"问题啊。

第四代名字优点很清晰：

1. 记忆度极高。

2. 自带流量，有很好的自传播场景。

3. 名字本身就是一种沟通，意味着更好的触动力和转化率。

最后，来探讨一下如何能取一个好的第四代名字。

1. **首先要足够有趣**。比如"一坛好酒"。

2. **要有内涵**。内涵是名字的灵魂，没有灵魂的有趣最多是"逗比"。

3. **逆向思维**。那些第一反应能想到的，感觉合理的，通常都不是好名字。合理的反面不是不合理，是不合常理。不合常理的，才能在人群中看了你一眼，就难以忘记你容颜。

4. **第四代名字更有沟通感**。有一种聊天的感觉，试着从聊天的角度切入。

5. 看看你关注的行业大 V 和公众号下的群众留言，那些能被顶到前位的留言里会是你灵感的重要来源。

同行不是仇敌

　　说实话，我曾经很喜欢郎酒，尤其钦佩老汪（汪俊林，郎酒集团董事长）的。但是，最近发生了一些事情，我开始有点想法了。

　　国庆佳节，吃肥肉，喝酱酒，不亦乐乎。茅台镇有酒老板来电，说四川酱酒及郎酒发文回应"酱香正宗"了（见今日头条《回"仁怀酱香同仁"的公开信，中国没有你们这样的酱香正宗!》）。我看了全文，旅途中匆匆写了几句话，与中国酒业特别是川黔酒业同仁探讨。

　　文中有些观点，可能会令某些读者不适，但我还是要说一说。

　　1. 此次论争，虽各为其业，但真理不辩不明。"我可以不同意你的观点，但我尊重你说话的权利。"茅台镇和贵州酱酒，大可不必一副稳居"天下第一"的姿态。以郎酒为代表的四川酱酒，是同行不是仇敌。

　　2. 彼此冷静理智一些，在论争的过程中，如能做到心平气和，为我所用，双方或许都将各得其利。扣帽子，打棒子，与泼妇骂街无异，有损川黔酒产区的形象。这既非郎酒所愿，也非茅台镇中小酒企所能。

　　3. 我们必须承认，川黔两地同处西南，分别在浓香、酱香两个香型中独占鳌头，是香型标准的缔造者。

　　4. 中国白酒产区标准严重缺失，产业发展粗放，利益纠葛甚多。**红酒波尔多产区可以分左岸、右岸，白酒产区为何不可分等级、分左右岸？**

　　5. 赤水河左岸为四川，右岸为贵州。仁怀酱酒同仁据此提出"天下酱香出贵州"，逻辑清晰，合乎情理（理由不再赘述），并无不妥。反之，四川酒企提出"天下浓香出四川"，也合乎事实。但是，郎酒要像帝亚吉欧（全球最大的洋酒公司）那样，成为跨香型的"白酒老大"，浓香、酱香都想独具鳌头，行业尚无先例。

6. 我们可喜地看到，除了茅台镇，赤水河酱香产区正在形成。郎酒向核心产区、一级产区靠拢，我们欢迎！正如广告所言，青花郎是赤水河酱香产区的产品。但是，它同时也刻意回避了其产自四川的地域属性。毕竟，四川酒企浓香才是正宗。一衣带水，我们认可青花郎同属赤水河酱香产区的说法。

7. 茅台集团在茅台镇，茅台镇不只有茅台集团。对茅台镇的中小酒企来说，生存、发展才是硬道理。**在产区分级问题上，态度比能力重要，立场比结果重要。茅台集团高喊竞争与合作，竞争是前提，合作看实力。**茅台镇中小酒企，从市场端讲，没有资格与这些行业大佬谈竞争与合作。

8. 鸡鸣狗盗之徒，偷鸡摸狗之辈，任何产区、任何品类都有这样的害群之马，行业人人得而诛之。这些人，既不能代表茅台集团，也不能代表茅台镇中小酒企。比如那些打着茅台镇旗号，倒卖发霉老酒、洞藏老酒、原浆酒等劣质酒者，不能算是正规的"酒军"。这需要行业自律，政府监管，不在此次讨论之列。

9. 对茅台镇中小酒企来说，内功要紧。挤压式增长过程中，最先被胖子挤下板凳的瘦子，就是你。要有这样的危机感，要共同守护茅台镇的"球门"，更要有酱酒以茅台镇为正宗的自信和底气。

10. 郎酒，宣称已经成为酱香品类市场规模第二的企业。可喜可贺！茅台镇中小酒企羡慕、嫉妒，但是不恨。茅台镇中小酒企，要争做"第二强"的企业。他横着走，我竖着走，大可不必会错了意。

11. 茅台镇酱酒要向郎酒学习。学习他的营销技巧，学习他的企业文化，但是，郎酒也不是样样都值得学习。"鱼和熊掌不可兼得"，**郎酒想要浓香与酱香并举，想必会顾此失彼。**

12. 对茅台集团而言，天下归之，行业拱手，稳坐酱香产区宝座，自然对产区分级等无动于衷（茅台酒原产地虽已得到国家法律确认和保护，但去习水县酿酱香酒，也是一个问题）。对郎酒、对茅台镇中小酒企而言，产区乃命脉。守卫产区就是守卫生存的阵地，到别人的地盘寻衅滋事很容易引起产区守卫者的反感。

13.（敲黑板，划重点）酱酒产区应划分为以下 5 个等级：茅台酒原产地 15.30 平方千米，是法定产区；茅台镇适宜生产酱香酒的地域，是核心产区；仁怀适宜生产酱香酒的地区，是经典产区；赤水河谷适宜生产酱香酒的地域，比如习酒镇、二郎镇属于一级产区；而其他生产酱香酒的地方，则是二级产区了。

14. 产区标准，迫在眉睫。有人说，其他很多地方也酿造酱香酒。是的，正如其他地方也酿造葡萄酒，但绝不是波尔多。**茅台酒原产地不是法定产区，那么拉菲岂不要被挤出波尔多了？有人说这是在拿地域差异性说事。没有地域差异，就没有产区之别。**产区的划分，就是为了彰显地域差异。茅台镇酱香酒，就是比别的很多地方都要好。

综上所述，我颇不喜欢茅台镇酒厂，但是，我确实开始不喜欢郎酒了。

以上，仅代表我个人观点，与他人无关。

茅台酒价"涨"了，酿酒的高粱价可以"涨"一点儿吗

尊敬的茅台集团书记、董事长：

您好！

我是一名茅台酒用有机高粱种植户，家里种植高粱好多年了。种得多的时候，差不多 10 亩，少的时候，也有 5 亩。今天提笔给您写信，是想向您和茅台集团反映一下，我作为高粱种植户的实际困难。

我记得是 2011 年吧，茅台酒用有机高粱的订单收购价就是每公斤 7.2 元。当时，这个价格确实偏高，所以，我们种高粱的积极性都很高。我在外读大学的孩子跟我说，他听说茅台酒用有机高粱是全国最贵的高粱了。

但是，6 年过去了，这个收购价一直没有变动，这已经与农业、农村、农民的实际情况脱节。就比如我家，一亩高粱从种到收，劳动力成本一亩就要 1440 元。每亩购买有机肥和生物制剂，大概需要 300 元。我们村高粱亩产 250 千克，按现行收购价产值约一亩 1800 元。扣除前面两项成本，一亩高粱一年下来我们才收入 60 元。就算像我这样的"种植大户"，一年也只有 600 元的种植收益。如果遇上天气不顺、虫灾什么的，真的会"倒贴黄瓜二条"啊！

我们村也有种植烤烟、辣椒的。相比种植高粱，烤烟虽然人工要多些，但种子和其他生产物资都由烟草公司投入。种植烤烟每亩总收益可以达 3250 元，扣除劳动力费用 2100 元左右，一般收益可以达到每亩 1100 多元，**所以，**

我们村但凡有孩子上学要花钱，人工又基本能够应付的家庭，都会选择种植烤烟，而不是高粱。

苍龙中元、水塘一带，因为距离市区比较近，近年来种植蔬菜的人也多了起来。哪怕是和种白菜相比，种植茅台酒用有机高粱，也没有"搞头"。一亩蔬菜，平均用工14～20个劳动力（含送上街卖给菜贩子的人工），种子每亩50～100元，其他农药、化肥等投入每亩200元。一亩地产1500～2000千克白菜，按每千克2.5元的价格计划，也能有差不多2000元的收益。在我们村，如果没有出去打工，家里有青壮年劳动力的家庭，90%的愿意选择种菜、卖菜。

表面上看，种高粱比种烤烟、蔬菜要节省劳动力。但是，因为现在政府和粮油公司，对茅台酒用有机高粱种植特别是田间管理，要求越来越高。因为是有机种植，不准用农药，遇上虫灾，要购买大量的生物制剂，包括杀虫灯等等。这笔开销，每年至少100元。而且，6年前，仁怀的劳动力成本每人每天才80元。现在，低于120元，哪怕是做小工、打杂，也是雇不到人的。

今年高粱收购的时候，除了交给粮油公司以外，因为我家的合同量不够，超计划的部分卖不出去。所以，只好卖了一部分给茅台镇酒厂。他们按照每公斤6.8元的价格收购，而且，对高粱挑三拣四。我家的高粱，前后跑了10天、花了15个人工才卖出去。

我也知道，我们农民其实是不能算劳动力价格的。因为我们干农业，挣的就是血汗钱嘛。但是，**如果连所有仁怀人都引以为豪的茅台酒厂都不能体会一下种植户的难处，那么，我们还有什么办法呢？**

我家的孩子在东北读大学，正是花钱的时候。我爱人身体不好，干不了太重的体力活。如果明年的高粱收购价还不调整，那么，我可能只有选择出去打工了。让爱人在家里种点菜卖，补贴家用。也只有这样，才能撑下去了。

为了写这封信，我电话征求了孩子的意见。他读的是微生物工程专业，对茅台十分热爱。今年暑假回来，还在一家小酒厂干了一个多月。所以，他给我说了很多经济上的难处，管理上的大道理。那些事情，我想，您和茅台集团以及仁怀市委、政府一定考虑得比他一个娃娃更周到。所以，茅台酒用有机高粱的收购单价涨不涨、怎么涨，我听您的。给您写信，只是向两位主要领导，表达一个茅台酒用有机高粱种植户的难处和心声。

Chapter **02**

说酒·清单

有人说，茅台人只会酿酒，不会卖酒。

你别不服，据山荣观察，80%的茅台卖酒人，对白酒行业、对其他白酒品类，还真是一知半解，甚至是一无所知。

以下这张关于茅台镇酱香酒的清单，也许能帮助你更好地"把茅台镇卖出去"。

一杯茅台酱香好酒的 21 条清单

一杯酱香酒，100 块钱的普通酒和 1499 元的茅台酒，到底不同在哪里？给你一份好酱香的知识清单，下次喝酒、买酒要心中有数。

001　酱香之中，茅台独尊

这个判断，既基于市场评价、行业认知，也基于一个酒民饮用茅台后的奇妙感受。如果你在买酒、喝酒时碰到有人跟你说，"我的酱香酒品质堪比茅台"，你可能就要在心里多掂量一下他的话。

002　好酱香看产区

茅台酒 15.03 平方米是法定原产地，茅台镇适宜酿造传统酱酒的地域是核心产区，仁怀适宜酿造传统酱酒的地域是经典产区。这并不是说非茅台镇产区的酱香酒就不好，而是说茅台镇酱香酒更容易出精品。

003　百元是酱香的"质量参照线"

酱香酒采用传统工艺生态酿造，繁杂的工艺、漫长的时间使得其原酒成本高居中国白酒之冠。百元以下，**民间确有"好酒"，但以市售成品酒而论，这种几率也不大。**

004　小厂也有好酱香

茅台镇所在的仁怀市，拥有酒厂数千家，白酒商标数万个。规模、名头**不重要，重要的是它有多少与其产能和产量匹配的、够年头的老酒。除此之**外，说破大天，你都别信。

005　酿造无秘方，勾兑除外

茅台镇酱香酒确有诸多神秘之处，但是制曲、制酒、贮存等工序并无秘方可言，**唯工匠技艺、陈年老熟而已。**至于茅台酒的那些"勾兑秘方"，即便把秘方给你，你也是巧妇难为无米之炊啊。

006　好酒有一条"金线"

有人以碎沙酒冒充大曲浑沙酒，卖出了 10 倍以上的价格——这样的故事每天都在发生。有人能以香精香料"以假乱真"，有人能将劣质酒"化腐朽为神奇"……好酒的标准很难量化，但是好酒的确有一条"金线"，这条"金线"只可意会不可言传。一杯酒达到了就是达到了，没达到就是没达到。所以，不要过于相信自己的嗅觉、味觉，除非你受过专门训练。

007 原料而论，以本地小红粱为上

高粱有大红粱（东北产居多）、小红粱（又分为外地、本地，本地特指赤水河谷生产的红缨子糯高粱）之分。仁怀每年种植红缨子糯高粱约 30 万亩，主要供应茅台酒厂，订单保护价为 9.2 元/千克。其他酒厂亦有自建种植基地或"捡漏"的，但绝对量并不多。酒厂是否采用小红粱酿酒，这个你得实地考察，亲自核实。

008 工艺而论，以大曲浑沙为上

大曲即酱香酒的发酵剂，以小麦制作，因块头较传统"小曲"为大，故称"大曲"。"浑沙"，浑指完整，沙即高粱。"大曲浑沙"工艺要求其高粱不破碎或破碎 20%。行业公认，**"大曲碎沙"**次之，**"麸曲碎沙"**再次之，**"翻沙"**又次之。串香虽从酱酒丢弃糟醅中串蒸了一遍，带点酱香味儿，未列入"酱香型白酒的国家标准"（GB/T10781.2－2006），不属于酱香酒。

009 陈酿而论，以"时间"为上

时间，是现代商业最大的成本。酱香酒的新酒不能直接饮用，且有 7 个轮次之多，所以酱香酒没有"原浆"之说。酱香酒从生产、贮存到出厂必须历经 3～5 年。3 年为下限，7～10 年为**最佳饮用期**。10 年以上多作勾调，直接饮用其实欠佳。

010 制曲与制酒同等重要

"曲为酒之骨"。说白了，酱香的"香"由发酵剂——大曲决定。一家酒厂，有没有专门的制曲车间和曲师，是其酿造能力和水平的重要指标。一些小作坊外购制曲作坊的曲药，质量难以恒定保证。

011 五年以下大曲浑沙酒，无色透明

那些色泽黄得像普洱茶汤一样的酱香酒，人工添加色素无疑。在酒行业，有一种技术叫做"你要多黄就有多黄"。如果你还拿不准，请以飞天茅台酒为参照。

012 闻香识美酒，不二法门

市面上有能否拉酒线、加水是否混浊、是否挂杯（即"酒泪"）等方法来鉴酒，可把玩，可参考。嗅觉灵敏的你，其实不需专门训练也闻得出酱香酒中的花香、果香；**酱香酒"空杯留香"这条，更是造不了假。**

013 酱香味道，干净为上

不管是什么档次的酱香酒，酒体干净，没有异杂味是起码标准。至于酱香突出，其实就是来自谷物的复合香气；**而优雅细腻则是顺滑的感觉——比"绵柔"高的不止一个段位。**

014 别听"概念"

酱香酒行业从来没有停止过创新，但创新的基础是传承。没点儿"手艺"，没有积累的创新，多是无源之水，无根之木。比如机械化制曲、制酒，目前尚处于探索阶段，还没有数据、证据能够表明它比传统更有优势。

015 多看"细节"

酱香酒的酿造是传统的，但包装不是。好东西，一般来讲外观都是简洁

的。包装照搬飞天茅台酒的、过于花哨的、傻大黑粗的，基本不靠谱；纸盒粗糙、酒瓶带毛刺的，酒质不可能好到哪里去！看起来都粗糙，还谈什么内在。

016 选品牌看"存续"时间

物以稀为贵！酱香酒的经销权是稀缺的，品牌选择权是稀缺的。选品牌，要看"品牌"存续时间——不是说新开发的产品就不好，但"改革开放"40年了，某个品牌已经存续了三五年，至少说明酒厂起码的战略定力、耐力。

017 "一曲二火三功夫"

世间一切，人是决定性因素。**生意看老板，质量看酒师**。大师、名师、一级品酒师、省白酒评委等等，只是一个参照系。也有名声不显、文化不高的"高手"在民间。亦有名不符实的大师，招摇过市。**做生意，鉴酒，只看实力不看名气**。

018 相信科学，也要相信专家

一杯酱香酒好不好，标准化指标只能说明是否"合格"，不能说明是否"优质"。标准化指标管"下限"，固形物、甜蜜素等指标一旦超标，那就是违法；专家口感品评是"硬实力"，但你最好不要只相信一个人。

019 酱香酒"打脚不打头"

酱香酒醉得"慢"，微醺之际，你可能连腿都抬不起来，但是，你的头脑却十分清醒。相反则是头重脚轻，甚至头痛欲裂，如遭酷刑。按行业流行的说法，即"醉得斯文醒得快，清新舒适又安全"。

020　"酒后"体验，虽不值得提倡但确实管用

为了买到、喝到正宗酱香酒，有人不惜以身试验——酱香酒不刺鼻、不烧嘴、不卡喉、不上头、不口干、不头痛。不怕不识货，就怕货比货。

021　酱香酒是白酒的一种香型，中国白酒还有浓香、清香、董香等等

不同香型之间的酒不可比。如同普洱与绿茶，孰优孰劣，纯属萝卜白菜，各有所爱。但是，你要爱得明白，爱得痛快！

别以为你了解酱香酒：记住这 9 组数据，你就是茅台人

有人说，茅台人只会酿酒，不会卖酒！

你别不服，据山荣观察，80％的茅台卖酒人，对白酒行业、对其他白酒品类，还真是一知半解，甚至是一无所知。

以下这张关于茅台镇酱香酒的清单，也许能帮助你更好地"把茅台镇卖出去"！

001　中国白酒每赚 10 块钱，茅台镇拿走了 3.24 元。

有人说，中国酱香酒以全国不到 3％的产量，实现了全国 21.3％销售额和 42.7％的利润总额。

通俗来说，即中国白酒每赚 10 块钱，酱香酒便拿走了 4.27 元。当然，"国酒茅台"拿走了大头，你在这个"零头"里分得几分几厘呢？

数据：2019 年，全国白酒累计实现利润总额 1404.09 亿元，同比增长 14.54％。贵州茅台实现营业收入 854.30 亿元，净利润为 412.06 亿元。

002　茅台镇酱香酒实际产量仅占中国白酒产量的1%

有数据称，2019年仁怀市白酒产量为24万千升。除茅台酒基酒产量4.99万千升实在外，据业内人士评估，茅台镇酱香酒实际投产窖池约2万～3万口（窖池总数在后面）……故实际产量不超过20万千升。

数据：2016年，全国规模以上白酒产量1358.36万千升、贵州省白酒产量44.83万千升。如果以15万千升计，茅台镇酱香酒仅占全国白酒产量的1%。2019年，全国规模以上白酒产量786万千升，贵州省白酒产量27.39万千升。

003　酒都仁怀究竟有多少酒厂？真相超乎你想象

以茅台镇为代表的仁怀酱香酒产区，截至2019年底，共有酒类企业约4000户。其中，持有白酒生产许可证企业354户，持有配制酒生产许可证企业152户，小作坊1000余户，白酒销售企业2000余户。

004　酒都仁怀究竟有多少窖池？净面积相当于85个足球场

据统计，仁怀市曾有酱香酒生产窖池63200口。其中：茅台酒厂6720口，其他有证企业25280口，小作坊31000多口。

茅台镇标准窖池长4米、宽2.4米，照此折算，其净面积相当于85个足球场（标准足球场面积为7140平方米）。按每口窖池产能8千升计算，年生产能力约50万千升。

005　10个酒都人就有2个人"吃酒饭"、"发酒财"

据不完全统计，仁怀全市白酒产业从业人员8万人，其中茅台员工4万人。间接从业人员达10万人以上。仁怀市现有常驻人口70万人，其中中心城区人口 20 万人。如果把种高粱的农民算上，这个数据会更惊人……

006 酒都仁怀究竟有多少"品牌"？亮瞎你的眼

拥有酒类注册商标 7500 多件，全国驰名商标 7 件（其中外地转仁怀 1 件），贵州省著名商标 119 件，有效名牌产品 11 件，地理标志证明商标 1 件。

6 件本土中国驰名商标分别是：贵州茅台、茅台图形、国台、本强及图、镇及图和怀庄及图。

007 "茅台镇"能值多少钱

2016 年，作为贵州省首个获得国家质检总局批准命名的全国知名品牌创建示范区的仁怀"全国酱香型白酒酿造产业知名品牌创建示范区"，其品牌价值评估达 721.91 亿元，在 119 个国家级品牌创建示范区中排名制造业第一。

008 茅台镇能产多少酱香酒

不考虑原料、环境等因素，仅从土地而言：

1. 茅台酒法定产区。2010 年，国家质量技术监督局依批复同意，茅台酒原产地域范围扩大到 15.03 平方千米。

2. 核心产区，即茅台镇、海拔 400～600 米地域，传统上认为适宜酿造酱香酒的区域，总面积 225 平方公里，实际适宜于酿造大曲酱香酒的面积不超过 100 平方公里（含 15.03 平方公里法定原产地）。

3. 仁怀适宜生产酱香酒的地区，为经典产区，面积约为 50 平方公里。

009　茅台镇有多大？人口和玉屏县差不多了

2015 年，贵州省政府批复同意调整了茅台镇行政区划。那么，"新"茅台镇有多大呢？

现在的茅台镇，面积为 225 平方千米，人口 11 万（贵州玉屏县人口 12.14 万）。"新"茅台镇所辖地域，包括原茅台镇、二合镇、苍龙街道青草坝村、合马镇大同村、三合镇卢荣坝村、大坝镇尧村、高大坪乡尧坝村。

关于茅台酒瓶，研究茅台 20 年的资深人士贡献给你 12 个谈资

酒桌上的茅台酒你认得到，聊起茅台酒瓶的细节，你未必知道。

研究茅台酒文化长达 20 年的资深人士周山荣，围绕茅台酒瓶挑出 12 个知识点，既让你增长见识，又让你有极好的谈资。下次，让你做个酒桌上的茅台酒专家。

001　茅台酒瓶是玻璃瓶，不是陶瓷瓶

茅台酒瓶，光洁如瓷。因为这个缘故，人们一般把茅台酒瓶通称为"白瓷瓶"。有些人以讹传讹以为茅台酒瓶真的是"陶瓷瓶"。事实上，**茅台酒瓶是乳白色玻璃瓶，茅台人称"乳玻瓶"。**

002　"茅型瓶"并非为茅台所"独享"

毫无疑问，茅台酒瓶为茅台独创，并且已成为国酒茅台的标志。**业内人士将这种酒瓶，称为"茅型瓶"。**但是，这种酒瓶并非茅台"独享"，茅台镇酱香酒曾经大规模使用它，现在这款酒瓶几乎成了酱香酒的一个重要符号。

003　茅台酒瓶可反复使用

茅台酒瓶的主要原材料是天然矿石、石英石、烧碱、石灰石等，经 1600 摄氏度高温熔化塑形。它具有硬度大、抗腐蚀性极佳的特点，与大多数化学品接触都不会发生材料性质的变化。最为重点的是，这种材料是可以反复使用、可回收的（回炉再造、原料回收和重复利用等）。

04　一瓶茅台酒并非"一斤"

我们往往以为，一瓶茅台酒就是"一斤"，这其实是不准确的。1986 年 9 月 1 日起，茅台酒瓶的计量废除了 1 斤、半斤、二两五装，改为 500 毫升、375 毫升、200 毫升、50 毫升等规格。此举旨在适应国际市场需求，却由此带动了国内白酒计量均由重量改为容量的变革。

005　你竟然有一瓶陶瓷瓶茅台酒

虽然茅台酒瓶是玻璃的，那为什么还有人们偏说"陶瓷瓶茅台酒"呢？这其实是茅台酒收藏的一个专门概念。1966 年前，由于技术、运输、包装等方面的原因，茅台酒曾长期使用陶瓷瓶包装。如果你真有一瓶陶瓷瓶茅台酒，那恭喜你，你可能发财了（现在，一些定制茅台酒重新使用白瓷瓶）！

006　茅台酒瓶已经"年过半白"

1966 年 3 月，时任茅台酒厂厂长刘同清和技术员季克良参加轻工部出口酒工作会议，决定将茅台酒陶瓷瓶改为螺旋口的白玻璃瓶，用塑料旋盖。当年 7 月，内外销陶瓷瓶一律改用乳白玻璃瓶，沿用至今。所以，这样算来，茅台酒瓶至今已经 50 多岁了。

007　茅台酒瓶永不落伍

茅台酒乳白色玻璃瓶，简洁高贵，造型美观，自不待言。即便是以今人的眼光审视，该瓶型充分考虑了消费场景——便于抓握、开启和倒出。可见，经典并不是偶然的。

008　茅台酒瓶几乎都不透明

除了乳白色玻璃瓶，在其他茅台酒瓶中也很少见到透明酒瓶。为什么呢？为了避光。1960年初由轻工部主持的茅台科研"两期试点"，曾专门进行对比试验，结果证明：**避光有利于茅台酒陈化老熟。**

009　一瓶茅台酒瓶看白酒包装史

茅台酒瓶的变迁史，就是中国白酒包装容器的历史。乳玻瓶、陶瓷瓶之前，茅台酒还使用过仁怀当地生产的土陶瓷瓶，厂址分别在今茅台镇二合、中华两地。生产时是分三节造型结构，故称为三节瓶。

010　有比较才有茅台乳玻瓶

茅台酒的乳玻瓶，得来并非易事。茅台酒厂先后使用过贵州清镇、广西桂林及贵阳硅酸盐厂和习水生产的玻璃瓶，还使用过黔闽玻璃厂、景宏玻璃厂玻璃瓶，甚至从日本进口玻璃瓶（1996年）。这是经历多次科研攻关才解决了美观、避光及渗漏等问题的。

011　每年"茅型瓶"可绕大半个赤道

"茅型瓶"，除了茅台酒，茅台镇其他酱香酒更是广泛使用。茅台酒厂每年消耗 6000 多万个以上，茅台镇其他酱香酒的使用量为 6000 万到 1 亿个，总量约为 1.2 亿～1.5 亿个。**茅台酒瓶高 17cm，全部连起来约为有 2.4 万～2.6 万千米，占整个赤道** 60%～65%（地球赤道周长为 4 万千米）。

012　二手茅台酒瓶不能卖

在淘宝、58 同城、闲鱼上，一个二手茅台酒瓶可以卖到 60～120 元（含外包装）。这些茅台酒瓶拿去干嘛了？主要是制售假茅台酒。所以，千万不要相信"结婚当道具，图个喜气"这种鬼话。**喝完茅台酒，不妨把空瓶子拿回家插花、摆设，或者干脆毁掉。**

茅台酒红飘带，这些故事你不该错过

茅台酒的红"飘带"，背后藏着各种真相。

001　飘带是茅台酒的一大特色

2003 年 10 月 22 日，时任中共中央政治局常委、全国政协主席贾庆林在贵州考察期间到茅台集团视察。在包装车间，他看到酒瓶上的红色飘带，高兴地说："飘带是茅台酒的一大特色。"纵观中外酒林，此言不虚。

002　红飘带的中国风与国际范儿

茅台酒的中国红、红丝带、斜挂绶带等元素，可谓中西合璧。尤其是以红盖、红丝带为代表的经典造型，更让茅台酒从无数酒品的行列中脱颖而出，亮丽抢眼。浓郁的中国风，早在数十年前就走在了潮流的前线，充分彰显了国际范儿。

003　这条红飘带已经飘扬了 60 年

1959 年，外销五星牌茅台酒包装首次采用了红"飘带"。但此后 10 多年间，并非所有茅台酒都有红飘带。直到 1976 年因出口更换外销茅台酒的包装，取消瓶外包裹的皮纸，改用彩印纸盒，从这个时候起，每一瓶五星、飞天茅台酒的瓶颈都系上了红色飘带。

004　茅台酒红飘带是象征红军长征吗

红军长征曾在茅台镇"四渡赤水"，而茅台又被尊为"国酒"，身居庙堂之高。据此。有人认为茅台酒的红飘带象征着红军长征。其实，1959 年茅台酒因出口而催生的这一做法，创意源自领带——如同茅台酒正面商标上的斜挂绥带。这从 1959 年文献"红色丝带结"之类的说法中可兹佐证。

005　红飘带就是茅台的"酒旗"、"酒幌"

酒旗的历史十分悠久，在战国就已经出现，一般悬挂于屋檐一角，又或者单独一根长杆子把酒旗挑上去，让更多的顾客看到，知道这里是酒坊。茅台的红飘带虽非源于"酒旗"，但确实有酒旗、酒幌的视觉效果，非常亮眼，不得不说很有创意。

006　看飘带也能辨真伪

茅台酒的红飘带有着完善的质量控制和工艺标准。比如，**必须重叠系在正面商标的中间，垂直、笔挺**。而且，丝带下端位于贵州茅台酒这 5 个字中的茅字（位置一般在草字头下沿）。一箱原箱茅台酒打开，如果红飘带"披头散发"，没有重叠系在正面标签的中间位置，那么，这瓶茅台酒可能就有问题了。

007 飞天、五星茅台酒飘带内容不一样

飞天牌茅台酒飘带上的内容，左右均为"中国贵州茅台酒"。五星牌茅台酒飘带上的内容，左为"中国名酒世界名酒"，右为"中国贵州茅台酒"。有的人只知两款酒的商标不同，采取"换标"方式造假，却忽略了两款酒的飘带内容也不同。

008 飘带有"密码"是真的吗

"茅粉"（茅台酒的粉丝）们还发现茅台酒飘带有"密码"，这是真的吗？茅台酒的飘带，内飘带上有阿拉伯数字0～18，外飘带上则没有。而且，有数字的飘带一定在内侧。**这个数字，只是包装工人的工号。**千万不要相信数字为某个数字的便是专供、内供这种说法。

009 红飘带的编码有什么用

其实，这是茅台酒厂包装员工领料（飘带）时，每一条飘带上都有一个编码，每个员工领到的飘带编码是不一样的，同时这个编码会与领料员工一一对应，记录在班组的原始工作档案中。**通过这个编码，可以准确定位到每一个员工，但是，并不能作为鉴别真假茅台酒的依据。**

010 茅台有一个工种叫做"拴丝带"

如果你去过茅台的包装车间就会发现，在包装车间的流水线上有"拴丝带作业区"字样，很多员工同时在那个"作业区"工作。不仅如此，每班还设有专职检验员，跟班对丝带、装盒、装箱等流程进行检验，发现问题及时纠正，以确保包装质量。这也难怪茅台贵为"国酒"了，如此严谨的工作作风，想不火都难。

茅台酒瓶上的封瓶胶帽，你了解多少

在打开一瓶茅台酒时，大家有没有好奇：

为什么瓶口会有一个封瓶的胶帽？这个胶帽有什么作用？是为了让酒瓶看上去更美观？还是为了保护酒体？

001　你对茅台酒瓶上的封瓶胶帽，为什么熟视无睹

打开一瓶葡萄酒，你可能会对它的封瓶锡帽，打量、把玩一番。但是，很多人却对茅台酒瓶上的封瓶胶帽，熟视无睹。

对每一位喜爱茅台酒的人来说，飘带、胶帽已经与茅台融为一体。茅台，就该这样！所以，你无动于衷啊。

002　茅台酒为什么要"封瓶"呢

葡萄酒瓶上的封瓶锡帽，据说是因为葡萄酒装瓶后需储存在酒窖中，为了防止虫子啃蚀软木塞，于是在瓶口加上一个封瓶锡帽。

那么，茅台酒为什么要"封瓶"呢？酒精度53度的茅台酒，虫子是近不了身的。但高度蒸馏酒却怕漏酒、"跑度"，而茅台山高坡陡，运输颠簸，漏酒、"跑度"却是经常的。于是，百年以前，茅台人就想出这么一个封瓶的主意来。

003　茅台封瓶胶帽的前身，亮瞎你的眼

1949 年以前，茅台酒也封瓶的，但是用的什么材料？我跟你赌一瓶茅台酒，你也猜不到。

答案公布：1949 年之前，**茅台酒一直是用油纸包木塞封瓶口，然后再用猪尿包（猪内脏）皮水泡软后扎口。**猪尿包水分干燥后，自然收缩就封紧了瓶口——是不是很生态很环保？这就是茅台封瓶胶帽的前身。

004　茅台人的奇妙发明，令你叹为观止

后来，猪尿包就越来越不够用了。茅台酒产量逐年提高后，当地的猪就供应不上尿包了。怎么办呢？

茅台人想到了一个奇妙的办法：改用同样是由猪供应但量更充足的猪小肠。为了满足需要，茅台酒厂通过仁怀、习水、遵义、桐梓等县市食品公司，常年大量收购猪小肠和猪尿包。

005　茅台封瓶胶帽，引领行业先河

1959 年后，茅台酒因为出口需要，决定将外销茅台酒的包装改进为软木塞子套玻璃纸，外套胶套。内销茅台酒仍是扎猪尿包。然后贴商标包上皮纸。

当年的塑胶类产品，可是不比今天，绝对是稀罕玩意。茅台酒把胶套用来封瓶，开创了白酒行业先河。

006　因为经典，所以当然

1964 年，茅台酒包装标准为："成品装于 642 毫升外壁黄褐色、内壁白色瓷瓶中，瓶口塞软木塞，外用红色胶帽封固，瓶身贴'麦穗红五星'商标及中文说明，外包以白棉纸。"

半个多世纪过去，"外用红色胶帽封固"坚守至今。变的是材质，是更加精益；不变的，是永恒的茅台经典。

007 茅台酒瓶封胶帽，是防伪的重要载体

如今的茅台酒瓶封胶帽有一个重要的作用，就是防止作假。2012 年，茅台酒采用世界先进的 RFID 技术，载体就是胶帽。

消费者手持茅台酒瓶，直接用肉眼观察防伪胶帽：在顺光方向，图文为明亮的珠光增强色；在背光方向，图文色彩变淡。胶帽顶外观为亚光红色圆型，在图形中央有亚光红色烫金图案。

008 茅台酒瓶封胶帽，防伪技术大牛

茅台酒防伪体系，独步酒林。如果用茅台酒纸箱内所附赠的识别器，观察胶帽辨别真伪，这样大牛的技术是十分靠谱的。

由于技术壁垒和成本原因，造假分子要实现胶帽表面彩虹状背景和黄色"国酒茅台""贵州茅台"及"MOUTAI"文字，难度有点大。当然，用真包装灌装假酒，就不在讨论之列了。

009 胶帽上的喷码，大有名堂

茅台酒瓶封胶帽上的喷码，均由三行数字组成，第一行标明出厂日期，第二行标明出厂批次，第三行标明出厂序号。消费者可对三行数据进行核对。

其中出厂序号为 5 位数的，三行数据具有唯一性，真假一对便知。若出现三行数据均相同的两瓶酒，则其中必有一瓶是假的。出厂序号为 4 位数，若出现两瓶酒第三行数据均相同时，属于正常情况，这是茅台为防止串货的手段之一。

010　在开瓶时，茅台封瓶胶帽该如何去除呢

葡萄酒通常有专用的小刀，需沿防漏圈（瓶口凸出的圆圈状的部位）下方划一圈，再把锡帽撕开。

茅台酒的贴心设计就简单多了：胶帽中部有条状拉口，反向撕开即可。**葡萄酒的方式虽然优雅，但茅台酒的方式更直接，颇为适合国人。**

011　收藏茅台酒，胶帽是关键

收藏茅台酒，务使酒瓶封口严密，防止漏酒和"跑度"。

为此，首先要检查胶帽是否松动。茅台酒胶帽一般可以左右旋转 1 厘米。根据经验，**很多假酒都不能转动，箍得很死。**如果胶帽松松垮垮，则可能漏酒、"跑度"。再次，应该对瓶口主要是胶帽进行密封处理，可用保鲜膜或塑料袋将瓶口缠紧，或者索性蜡封，以防万一。

012　知根知底识假酒

很多人以为，茅台酒的胶帽是用电加热方法套在瓶盖上的。其实，**胶帽是利用化学原理"冷处理"安装上去的。**套瓶之前，胶帽折叠着浸泡在乙醇（酒精）里，使用时拿出来套在瓶盖上，几秒钟时间，它就开始收缩。几十秒钟以后，就牢牢的包裹在瓶盖上了。越干收缩得越紧。干后不可重复使用。

揭秘茅台酒的酒盖变迁史

在消费者面前，每一个茅台人都是酱酒专家。

在客户面前，每一个酒都人都代表了茅台。

但是，关于茅台酒瓶盖，你了解多少？

只有知道这些知识，你才算地道的茅台人。

001 1949："猪尿包皮"盖

1949 年以前，茅台酒没用瓶盖，而是以油纸包木塞封瓶口，外用猪尿包皮水泡软后扎口。后改用"肠衣"。1959 年后，外销茅台酒改为软木塞子套玻璃纸，外套胶套。之后改为塑料内塞代替软木塞。1973 年，茅台酒包装由木塞封口逐步改为塑料内外盖封口。

002 1966：塑料盖

1966 年 7 月，接省轻工业厅通知，内外销茅台酒瓶盖改用红色塑料螺旋盖，即俗称"塑料盖"。它是由 2 毫米左右厚的红色塑料制成，外侧有 0.5 毫米宽距的防滑竖道，内侧有螺旋丝道，盖顶部稍有下陷，盖沿下端有一圈 1.5 毫米宽的加强边。瓶口为塑料内塞，盖上螺旋外盖后，用深红色塑料胶帽包裹瓶盖封口。

003　1984：**铁盖**

1979 年，出口商提出茅台酒的"塑料盖"难以开启，而且外国人认为塑料瓶盖档次低，还有可能产生化学反应等问题。于是，从 1984 年 1 月起，茅台酒外销包装瓶盖全部改用扭断式防盗铝盖，即俗称的"铁盖"，是为"铁盖"之始，这在当时是史无前例的。

"五星茅台酒"的铁盖：瓶盖从塑料盖变为防扭断式铝盖。容量由 540 毫升变为 500 毫升。外包装从棉纸换成了单层彩盒，彩盒背面印有该酒的一些信息，其中容量 ml 为英文大写 ML。铁盖茅台前期，五星茅台生产日期仍然为蓝色数字，印在背标底部。

"飞天茅台酒"的铁盖：瓶盖从塑料盖变为防扭断式铝盖，红色，瓶盖顶部有"贵州茅台酒"5 个字。**1987 年后在金属盖外面加红色塑料封膜，俗称"红皮"**，同时加佩飘带。容量由 540 毫升变为了 500 毫升。

"新铁盖茅台酒"的酒盖：全部为金属瓶盖，且全部使用飞天酒标，从未使用五星酒标。容量均为 500ml，酒精度均为 53 度。酒瓶正标的右下角，未标注×××专用或×××专供等字样。虽然从酒瓶到包装都与飞天茅台相似，但是，酒质为陈年酒品质。

004　1987：**"贵州茅台酒"盖**

1985 年，外销茅台酒改为铝制防盗式扭断盖。1987 年 1 月，茅台酒内外销酒包装，由过去的塑料盖全改用为铝制防盗扭断盖。**这种铝盖由 0.3 毫米左右的铝片制成**。外面红色里面铝白色，内涂防漏涂层。顶部印有"贵州茅台酒"5 个艺术字，且有黄色和白色之分。

瓶盖"暗记"：20 世纪 70～90 年代，茅台酒瓶盖上使用了暗记：由艺术变形字体"茅台"二字组成的圆形图案。图案大约占盖顶面积的二分之一。

当然，保存至今的茅台酒，有可能大多数图案笔画显示不全，这与制作工艺及年代消融有关。

005　1997：防盗式扭断盖

1996 年，以茅台酒为龙头的一批名优酒呈现出供不应求、价格上涨的势头。1996 年 8 月，茅台购进意大利生产的新型防伪防漏瓶盖，由防盗出口和盖帽二部分组成，所用瓶子口径也改进为铝制压盖型。该盖防回灌，酒水只能出不能进。盖外用透明塑料膜封口。**1997 年 3 月，飞天牌茅台酒瓶盖防盗式扭断盖正式投入使用。**

006　1999："仿"意大利瓶盖

从意大利进口的瓶盖，价格很贵。1997 年 11 月，茅台酒首次使用珠海龙狮瓶盖厂生产的塑料"仿"意大利瓶盖。1999 年 5 月，正式大量启用，从而解决了茅台酒包装低档、易漏酒易跑度、瓶难开的问题。

瓶盖的塑料内塞：由厚约 1 毫米左右的白色塑料板压成，像顶小礼帽。大外延 25 毫米，小外延 17 毫米。用其替代软木塞，起封堵瓶口的作用。正品内塞材质好，有弹性，四周光滑，结实耐用。仿品一般较薄，材质差，弹性小，表面不平密封性能差。这是造成很多仿品酒漏酒的原因。

007　2003：无生产日期的铁盖

2003 年，某机构定制了一批铁盖茅台。这批酒不在市场上公开流通，无流通编码，瓶盖无生产日期，存量少。由于是特供酒，市面上难得一见，让其增添了一份神秘的色彩。这种铁盖被称为"新铁盖"。

008 如今："自给自足"的瓶盖

现在的瓶盖，均由珠海经济特区龙狮瓶盖有限公司自主生产。该公司成立于 1992 年 12 月，由茅台集团与新加坡百达顿有限公司合资组建，是首批茅台集团成员。

茅台酒的"母亲河"——赤水河，你了解多少

001 "母亲河"究竟从哪儿来

赤水河发源于云南省镇雄县，从四川省合江县汇入长江，干流全长436.5千米，流域总面积20440平方千米，涉及云南昭通，贵州毕节、遵义，四川泸州，共3省4市16个县（市、区）。

002 "母亲河"为何备受世人关爱

赤水河是长江上游**唯一没有修建干流大坝的、自由流淌的一级支流，也是唯一一条没有被污染的长江支流**；两岸自古出佳酿，孕育了茅台酒、泸州老窖、郎酒、习酒等数十种蜚声中外、享誉全球的美酒；当年红军在这里导演了"四渡赤水"的战争活剧，这里的人民为中国革命胜利做出了突出贡献。

003 "母亲河"当年的辉煌

1745年，赤水河航道经过治理，成为川盐入黔主要通道。而川盐入黔数量，仁岸独占三分之二。依靠盐运，茅台镇成为川黔边境最为繁荣的商业中心。百业兴旺，集镇繁荣，影响所及，"滇黔川湘客到来"。

004 "母亲河"的乳名

赤水河拥有许多名字，古称大涉水、安乐水、赤虺河。不同河段的赤水河有着不同的称谓。上游一段统称为大河，向东流至三省交界处的"鸡鸣三省"后，水量增大，始称赤水河。

005 "母亲河"的大名

赤水河，因含沙量高、水色赤黄而得名。赤水河之见于史籍，最早是班固的《汉书》，该书地理部分记述"犍为郡"时有："汾关山，符黑水所出，北至僰道入江"，又有"大涉水，北至符入江，过郡三，行八百里"的记载。

006 "母亲河"的乳汁

赤水河沿岸有许多酒厂，中国的名酒几乎有一半集中于此。享誉全球的"国酒茅台"是无可争议的领军品牌。茅台之外，如今属于茅台集团习酒有限责任公司生产的习酒，以及国台、钓鱼台、醉客等，哪一品不带有赤水河的芳香。于是，人们给美丽的赤水河取了一个颇为切题且大气磅礴的名字——美酒河。

007 "母亲河"的红色基因

1935年1月29日至3月22日，3万中央红军面对40万敌军围追堵截，在局促逼仄的川滇黔三省结合部，红军依托一条看似平常却暗流汹涌的赤水河，乘隙打楔、迂回穿梭、飘忽而行，粉碎了国民党军妄图聚歼红军于赤水河一线的迷梦，创造出了世界战争史上令人瞠目结舌的军事奇迹——四渡赤水。

008 "母亲河"的性格

赤水河有一个特性，每到端午，暴雨便使河水变浊，呈现赤红色，直到当年的重阳节才会又恢复清澈透亮的样子。这也是赤水河古称"赤虺"的由来之一。

009 "母亲河"的靠山

早在 1972 年，周恩来总理明确指出：在茅台酒厂上游 100 公里内，不能因工矿建设而影响酿酒用水，更不能建化工厂。如今，赤水河仍然固守着最好的自然环境，作为长江中上游唯一一条未被开发的一级支流。

010 "母亲河"休假了

2016 年 12 月 27 日，农业部发出《关于赤水河流域全面禁渔的通告》，决定从 2017 年 1 月 1 日零时起至 2026 年 12 月 31 日 24 时止，在赤水河流域实施全面禁渔 10 年。在规定的禁渔区和禁渔期内，禁止一切捕捞行为，严禁扎巢取卵，严禁收购、销售禁渔区渔获物。因养殖生产或科研调查等特殊需要采捕水生生物资源的，须经省级以上渔业行政主管部门批准。

一份有关酿造茅台酱香酒高粱的知识大全

茅台酱香酒的源头，就在一粒红高粱身上。

这是一份有关酿造茅台酱香酒高粱的知识大全。读后，便能对红高粱有了新的认识。

001　世界上最贵的高粱

每年 8、9 月至 11、12 月，为茅台酒订单有机高粱收购期，有机高粱收购价格为 9.20 元/公斤。同期东北高粱单价为 2.8～3.6 元/公斤，可见茅台红高粱远高于市场平均价格。**有人戏称，这是世界上最贵的高粱。**

002　酱香酒只能用这种高粱酿造

茅台酒背标载"产于中国贵州茅台镇，以本地优质糯高粱、小麦、水为原料……"这种高粱，断面为玻璃质地，硬质、干燥、半透明，就是这样的质地，决定了它能经受酱香酒工艺的 9 次蒸煮、8 次摊晾翻造、7 次取酒。经过上千年的自然选择，人们发现，只有赤水河流域茅台镇的部分地区才能种出这种糯高粱。

003 茅台"红粱"天然为酿酒而生

这种高粱全名"茅台红缨子糯高粱",俗称"红粱"。其糖分、单宁、角质比例合理,淀粉含量达66%,其中支链淀粉占90%以上,为其他高粱品种的数倍,甚至数十倍。而作为酿酒主要原料的红高粱,衡量其品质的一个重要标准就是:支链淀粉含量越高,品质越好。

004 茅台"红粱"的神奇之处

茅台"红粱"富含2%~2.5%的单宁,发酵工艺能使它在发酵过程中形成儿茶酸、香草醛、阿魏酸等茅台酒香味的前驱物质,最后形成酱香酒特殊的芳香化合物和多酚类物质等。

005 茅台"红粱"只出"本地"

"本地"的范围是赤水河中游地区,即仁怀、习水、金沙等县(市)地域。2012年,仁怀市及毗邻地区有机高粱基地认证面积已达62万亩。到2020年,仁怀、习水、金沙、播州、江川认证有机地块达160万亩,产能28万吨。

006 酱香酒酿造以本地小"红粱"为上

相对于本地的"小红粱",东北等地所产高粱在茅台镇被称做"大红粱"。传统的大曲浑沙酒工艺,要求必须以本地"小红粱"为原料。如果采用非本地出产的"大红粱",虽然出酒率高,但品质就等而下之了。

007 高粱决定了酱香酒生产工艺

酱香酒的工艺,以高粱的破碎度不同分为浑沙、碎沙、翻沙等。以大曲浑沙为上，大曲碎沙次之，麸曲碎沙再次之，翻沙又次之。"浑沙"，浑指完整，沙即高粱，大曲浑沙工艺要求其高粱不破碎或破碎20％以下。**串香虽有酱香口感，未列入《国标》，不属于酱香酒。**

008　一斤酱香酒究竟需要多少高粱

众所周知，酱香酒酿造是"五斤粮食一斤酒"。那么，一斤酱香酒究竟需要多少高粱呢？**按照酱香酒的传统工艺，其粮曲比一般为1∶0.9，即1公斤高粱要耗用0.9公斤大曲。每一斤酱香酒，对应消耗2.75斤高粱。**

009　茅台"红粱"的收购标准

茅台"红粱"收购质量标准为"一干二净三饱满四无污染"，比如不能在高粱生产中使用违禁物质，不能用水洗或用电（火）炒高粱，不能在沥青路面上晾晒高粱，不能使用受污染的包装和运输工具储运高粱，等等。

010　历史上茅台镇酿酒的高粱从哪儿来

"改革开放"前，茅台镇酿酒的高粱主要由仁怀本地供应。但酒业发展鼎盛时，各家烧房争购高粱，以致高粱种植、收购成为烧房间竞争的重要筹码。1942年，成义烧房与恒兴烧房哄抬高粱、小麦单价，搞得成义烧房经理薛相臣只好向二郎滩盐号借贷收购高粱。荣和烧房老板是当地大地主，便强制佃户用高粱折抵地租。

011　茅台"红缨子高粱"不是转基因

茅台酒专用"红缨子高粱"由贵州红缨子农业科技发展有限公司利用仁怀地方品种小红缨子高粱品种，选优良单株与地方特矮杆品种选择优良单株作父本，杂交后穗选，经 6 年 8 代连续穗选而成的常规品种。审定（登记）编号为黔审粱 2008002 号，不是转基因作物。

012　茅台"红粱"如何防治病虫害

按照《酱香型白酒生产原料红高粱种植标准》对病虫害防治的规定，主要采取农业防治、物理防治和生物防治措施。如用糖醋液和杨柳枝把诱杀黏住成虫，用黄板诱杀蚜虫，安装频振式杀虫灯诱杀螟蛾科和夜蛾科为主成虫。

013　仁怀高粱种植面积约占全国种植面积的 10%

2000 年起，茅台集团开始推行有机高粱基地建设，实施"公司＋基地＋农户"三级管理模式。仁怀市有机高粱种植地块面积约 30 万亩，赤水河高粱种植面积约 120 万～160 万亩，我国高粱种植面积 700 万～800 万亩，照此计算，赤水河高粱种植面积约占全国种植面积的 10%。

014　是"红粱"不是"红粮"，更不是"红娘"

茅台本地"红缨子高粱"为赤水河流域原生品种。俗称"红粱（liáng）"，并不是"红色的粮食"，而是红高粱的简称。茅台人称本地高粱为"红粱"这枚语言的活化石，揭示了高粱种植由北到南的千年足迹，也确凿地印证了高粱在茅台镇悠久的栽培历史。

015　连续 16 年通过有机产品认证

多年来，南京国环有机产品认证中心定期对茅台有机产品加工进行认证检查。检查结果显示，茅台酒一直遵循传统酿造工艺，整个生产加工过程符合有机食品认证标准，通过现场审核。茅台连续 19 年通过有机产品认证，在全国独一无二。

03

说酒·文化

　　多少个日日夜夜，数不清的茅台镇"酒民工"，在中枢与茅台的车上，遥望着大酒都和他们没有任何关系的灯红酒绿纸醉金迷，心里不由得生出一股自豪感：仁怀，你牛逼个啥？你的牛，我也是做出了贡献滴。

　　他们心中发着誓：总有一天在这大酒都、酱香酒原产地，会有我的一席之地；那璀璨的万家灯火中，有一盏灯会属于自己。

贵州茅台镇的"酒民工"们表面光鲜心里苦

贵州人包括贵阳人觉得，仁怀人特别是"茅台人"腰包都是鼓的。

一句话，**"茅台人，有钱哦"**。这让每个仁怀人觉得，自己特有面子。

贵阳人习惯把三城区之外的 85 个县，都看成"县份上的"。唯独对仁怀人另眼相看，原因嘛，还是因为"有钱"。**仁怀人有钱，因为那瓶——茅台酒，因为那杯——酱香酒。**

摆个龙门阵：一天，作为"酱酒愚公"、"茅台镇最懂酒文化人"，我叨陪末座，吃着山珍海味，喝着酱香小酒，说着普通话，颇有几分洋洋自得。

饭局上有一位美女，朋友介绍说是某某酒业公司董事长。我恭敬地问候，默默地吃菜。宴席过半，美女兴致来了，频繁敬酒，口吐莲花。随耳一听，人家昨天才从北京回来，念的是某知名高校的工商管理硕士，刚刚签了几千件的单，厂里最近生产搞不赢。

真的，我相信她说的都是实情。在茅台镇，一个稍微正式点的场合都能碰到这样的人。

有时候也真佩服五湖四海的酱香酒粉丝们的想象力，老老实实跟他说，"我就是茅台镇上一卖酒人"，他偏不信。你非得跟他吹，"我祖上八辈就酿酒，传承至今 200 年；家里的酒不光可以洗胃，还可以洗澡。老酒嘛，好歹几百吨……"他才会觉得你实诚。

这，就是原生态的茅台镇！

早先，比如 10 年前，在茅台镇卖酒的人，没几吨酒确实是不敢出来混的。

但是，现在进入了"新时代"，全国各地卖酒人都觉得，一家公司只有在茅台镇，才是实力的象征和信誉的保证。

于是，他们开启了大规模进军茅台镇的浪潮。茅台镇所在的仁怀市，走在路上到处都能碰到操着各地口音的董事长、总裁、总经理们。

在酒都仁怀，要么是高规格的茅台国际大酒店，要么是街头小旅馆，连家全国连锁的经济型酒店都没有。但是，这并没有阻挡他们前仆后继的热情，反正**"三月不开张，开张吃三月"**，这股浪潮反过来，进一步推高了高居贵州榜首的仁怀物价。

现在，很多在茅台镇的酒业公司董事长、总裁、总经理，是看不起在遵义、贵阳，甚至北京、上海的酒业公司董事长、总裁、总经理。**毕竟，要在茅台镇安家落户才是茅台人！**只有在茅台镇、在仁怀，才能跟"茅台"产生某种精神和肉体上的联系。

哪怕你在遵义有一支百人的卖酒团队，哪怕你在贵阳有独立的办公楼，哪怕你在北京、在上海卖酒就是一把好手，在他们眼里，你这都不叫事儿。

但事实真相是：如果在饭局上碰到说自己是在茅台镇卖酒的老总，那么很有可能意味着他就是在茅台镇小巷子一个几十平的小隔间里，正在埋头苦干制定着各种营销计划、招商方案的"酒民工"。

把话说白了吧，在茅台镇，有正规持牌的官军，也有占山为王的小山寨，**更多的是中介游击队和投资小作坊。**

或者说，就是酒都仁怀的"酒民工"而已。

虽说是**"酒民工"**，但他们的姿态却都非一般的显赫：论官方职务，不是总裁起码也是总监，不是总经理起码也是营销总经理；论出行座驾，不是奔驰就是宝马，打车来赴局的，那一定是"这大酒都确实太堵了"，何况今天咱们还要喝酒呢。

哪怕"酒民工"只是初中毕业，但这并不妨碍他（她）在各大高校就读工商管理硕士。哪怕"酒民工"从富士康回来还不到一年，但这并不妨碍他（她）操着"贵普"（贵州普通话）、拎着酱酒，全国飞去飞来谈业务。有一天，如果他（她）操着俄语、日语你也不要觉得惊奇，这说明他（她）已经把酱酒卖到了世界各地。

吃完饭，就到了生意场上最喜闻乐见的娱乐时间。华灯初上，一个个穿得人模人样的"酒民工"纷纷从饭局、酒局涌出，彼此簇拥着前往下一个场合。他们那意气风发的模样大有"仰天大笑出门去，我辈岂是蓬蒿人"的豪气，又有"破釜沉舟，百二秦关终归楚"的霸气。殊不知，豪气和霸气有时候只是自娱自乐，自欺欺人。

还好，大酒都"酒民工"普遍素质还行，罕见街上撞树、醉卧街头的，最多也就偶尔看见几个倒步走的。论吃喝玩乐，"酒民工"在酒都那确确实实是一流的。

再不济，你看他的朋友圈，昨天还在哈尔滨看冰雕吃火锅，今儿已经到三亚晒太阳吃海鲜去了。注意，朋友圈一般会刻意注明"所在位置"，**不在机场，就在酒店**，或者去北京、上海、广州、深圳、杭州等都市的航班上。

多少个日日夜夜，数不清的茅台镇"酒民工"坐在车上，望着大酒都"宝马雕车香满路"，心里不由得生出一股自豪感：**仁怀，你怎么就这么厉害呢！你的军功章也要有我的一半。**

他们默默地在心中发着誓：总有一天在这大酒都、酱香酒原产地，会有我的一席之地；那璀璨的万家灯火中，有一盏灯会属于我的。

在这个有点冷的冬天，喝酒取不了暖。你的艰辛、你的苦楚、你的真诚，我懂！

而且我相信，正是千千万万的"酒民工"，才撑起了"中国酒都"这块牌子。

行业里那些财大气粗的大佬们，很多年前也如你我一样，是"酒民工"，不是在喝酒的桌上，就是在卖酒的路上。

——今天的你，也有万分之一的机会，成为未来的大佬！

中国酱香酒，原来是个武林门派

太平盛世，国泰民兴，哪儿来的武林高手？哪儿来的江湖门派？

中国酱香酒市场就是金庸先生笔下的"武林"。大哥德高望重，稳坐武林盟主的宝座；二哥、三哥分列左右大护法，地位明朗；剩下的兄弟们各据一角，局面稳定。此话怎讲？

2018年10月26日，主题为"加入茅台20年，习酒再添新华章"的庆典活动在习水酒厂拉开帷幕。活动中，有人好事者问："郎酒是不是酱香第二？"**时任茅台集团党委书记、董事长、总经理李保芳说："确实是。"**

有人解读，这话"另有'话外音'"，因为李保芳还说了："习酒要和郎酒团结、竞合；习酒还要认真学习，才能不落后。"由此来看，武林中二哥、三哥地位明了，茅台镇小山头们的吵闹，终于可以告一段落了。

山荣罗列了如下门派，请各位看官自行对号入座：

少林派历史久远，关键是，江湖上有个传言，叫做"天下武功出少林"。因为这个，少林派素来行事稳重。当然，少林功夫实战威猛，这为其稳居江湖领袖地位，居功至伟。

武当派，以内功心法立派，讲究的是以柔克刚。因此，当年开创历史新高后惨遭"腰斩"，门下弟子库存"爆棚"，老大"失联"，如此危机都挺过来了，凭着一份"四两拨千斤"的手腕。

逍遥派，武学风流洒脱，自成一格，得一则能所向披靡。三十六岛七十二洞，据点及教徒众多。重点是出身好、后台硬，最近几年，更是野心勃勃，并不是名字叫的那么逍遥。

唐门，暗器机关独步武林。真正的唐门高手，据说从不用毒，而是先发制人主动防御。步入江湖 20 年来，始终稳扎稳打。"结硬寨，打呆仗"，不为所动，不甘人后。

明教，特点是有外邦基因，融于中土，声势如虹。和它一起来到中土的，很多人客死他乡，它还活着。虽然江湖人士，老是不拿正眼瞧他，但是，人家闭关修炼，也懒得理你。

丐帮，表面看，拥有名震江湖的独门绝技"降龙十八掌"及"打狗棒法"，但是，论钱，早被钱庄收刮干净；论人，几乎是一群乌合之众。而且没背景、没后台，昨天才被县衙驱赶，今天又被地痞敲了竹杠……

你属于哪一派？你想加入哪一派？

实不相瞒，不入流的小兄弟，门都找不到，哪来的派！

自从"香型"这一概念诞生之日起，中国白酒就围绕香型展开了旷日持久的血战。

且不论不同香型、不同"门"之间在江湖上的厮杀角逐，就是同门同宗之间，谁是名门正派，谁更"正宗"更"典型"，也充满了明争暗斗。

参与了江（香）湖（型）规（标）则（准）制定的，自然踌躇满志。"这事，我说了算！"

再不济，也从祖上找找由头。江湖上不是有句话嘛，"酿酒赖华王，曲药黑白黄……"我是赖家嫡传，我是华茅正宗，我是王氏后裔。

然而，且不论这些家族，早被少林阉了命根子。即便流落民间，已经断了祖上血脉，哪来的门哪来的派哟。

江湖规矩说不上话，小虾小蟹们只好自立山头。大家分别在各自"门"下，大搞帮派，试图以不同风格对江湖格局进行固化。

中国酱香酒，就是个武林门派。

事情并没有完。读金庸的六神磊磊说过，"江湖，不是你想的那么简单。"

事情并没有完。但是，**与你无关！这场武林大会，是要入场券，是有门槛的。而你，不过就是一名丐帮弟子。**

前段时间，《江湖儿女》火了一把。

我进电影院坐了两小时，就记住一个场景：

斌斌（男主）看了点儿香港电影，就嘚瑟说"自己在江湖"。巧巧（女主）说："我不懂！"斌斌装腔作势地说：**"有人的地方就有江湖。"**

后来，男主在轮椅上被巧巧推着，问巧巧为什么帮他，巧巧说："江湖上不就讲个'义'字，你已经不是江湖上的人了，你不懂！"

我记住了这句话：我已经不是江湖上的人了，我不懂。

这个事，茅台领导说了也不算

这个事，茅台领导曾作指示。

但是，他说的也不对！

究竟是什么事？请耐心读完——这和每个热爱茅台的人相关。

001 这个事，绝对是茅台的大事

茅台酒的"12987"工艺，堪称奇葩。比工艺更奇葩的是茅台人常用的关于工艺的一些专门用语。

历史上，地处群山之中的茅台镇遗世独立，如同孤岛。一些"说法"对茅台人来说，一张嘴便可意会，而外人往往不知所云，一头雾水。**比如"抬锅"、"吼尾"，等等。**

更尴尬的还在于，有的"说法"茅台人嘴上说了千百年，就是写不出来。即便勉强写出来，往往也是词不达意。比如"chào 沙"、"kǔn 籽"，等等。

茅台人并不以此为耻，日子还是照过，话还是照说。只要说得清楚就行了，怎么写，那么重要吗？

不写出来，难道你一个人一个人地去说出来吗？不要忘了，互联网、人工智能时代，面对面沟通的必要性越来越小，成本越来越高。这些"说法"不能精准传递，必然增大茅台酒文化的沟通成本，难以快捷有效触达消费者。

更进一步说，写不出来，茅台就捅不破消费认知那层窗户纸；写不出来，茅台就难以与消费者高效互动；写不出来，就可能制约茅台的国际传播。

一个说法，可以改变世界。一个写法，却难住了茅台。

002　这个事，数亿人听说过，但茅台可能搞错了

举个例子：茅台酒工艺繁杂，其中一道重要工序，叫"chào 沙"。

"chào 沙"的"chào"怎么写呢？《中国贵州茅台酒厂有限责任公司志》在"常用生产术语"中，写作"造沙"。在《茅台酒生产工序及工艺操作环节》一书"制酒工序流程"中，也写作"造沙"。

"造沙"频频见诸茅台官方新闻报道。比如，《茅台集团开展 2016 年度造沙生产检查》《茅台召开 2017 年第七次系列酒造沙生产调度会》。按照字面意思，"chào 沙"是"制作沙子"吗？

某新闻报道原文"造沙是为茅台酒生产打基础的重要环节。今日上午，为确保 2016 年度造沙生产顺利进行，茅台集团公司领导分为五个小组分别对制曲车间和制酒车间的造沙生产情况进行检查……"根据语境，你能看明白"造沙"是什么意思吗？

沙，川黔方言，指像沙一样颗粒状的东西，此处指酿酒原料高粱。"chào 沙"，即拌和高粱。茅台官方解释为："每年生产的第二次投料，时间在下沙后一个月。用一半的生沙，取一半第一轮窖内发酵好的熟沙拌和蒸馏，开始第二轮操作。"

世人对茅台的神秘充满好奇。一个"造沙"，却让人不得其门而入。而且，茅台可能搞错了！

003　这个事，茅台领导曾作指示，但他说的也不对

一个字，引起了茅台高层的重视。

据说，该高层在茅台集团的内部会议上曾特别指出："chào 沙"要写作

"糙沙"。

中国知网搜索"糙沙",有《糙沙时量水的加入量对轮次酒的影响》《浅谈大曲酱香白酒的下糙沙技术》等论文。通过网络检索,"糙沙"与茅台、与酱香的关联度,比"造沙"明显更多、更高一些。

不知道这与这位领导的话有没有一点关系。但是,这个事他说了确实也不对——"糙"的意思是米脱壳而未舂的状态,或不细致、不光滑,如粗糙。"糙沙",反而把人绕晕了。相比之下,"造沙"比"糙沙"还要贴切一些。

"茅粉"们出于对茅台的真爱,发扬"大胆假设,小心求证"的科学精神,提出"chǎo沙"应该写作耖沙。**耖是一种农具,在耕、耙地以后,用耖把土弄得更细。**所以,北方有"耖田"、"耖土"的说法。

写成"耖沙","耖"沙和"下"沙一样,耖在这里作动词。"下"是投下,"耖"是翻搅均匀。耖字拆开看,左边像耙子(工具、农具),右边通过工具减小,谓之少。又有象形之意。**可见,"耖沙"的字面意思和语境,精准无误地传递了"将高粱(沙)翻搅均匀"的意思。**

"耖沙",更形象、更准确、更雅致。

还是写作"耖沙"吧。

茅台"怒掷酒瓶振国威"故事是假的……你这么想，就进套了

001 "怒掷酒瓶振国威"，这个故事确实是假的

很多人都听过茅台"怒掷酒瓶振国威"的故事。故事讲的是在 1915 年"巴拿马万国博览会"上，中国代表佯装失手摔坏了一瓶茅台酒，顿时酒香四溢，评委们一下子被吸引住了，于是向茅台酒补发了金奖。但"怒掷酒瓶振国威"的故事，据说是"杜撰"的。

想想也是，流浪汉进了星级宾馆，也知道不能随地吐痰，**何况学贯中西的那些老前辈**，怎么可能在"巴拿马万国博览会"的展厅里，把酒瓶硬生生砸了呢。

山荣的解释是，20 世纪 80 年代初，国门刚打开，月亮都是西方的圆。因为茅台，人们找到了一种**集体认同感**，或者说叫民族自豪感，因此茅台"怒掷酒瓶振国威"的传说横空出世。

于是，听说这个故事的人，会讲给他的朋友，他的朋友又告诉朋友……即便是号称实现了人与人自由链接的互联网时代，如此的"自传播"，迄今无人能及。

后来，虽然也有了"老张怒砸冰箱"（海尔创始人张瑞敏砸冰箱）的事，但在"**振国威**"面前，老张也确实显得小儿科了。

002 丹尼尔T恤，没听说过？那你真孤陋寡闻了

2017年初，一件售价19.99英镑（也就是180元人民币）的T恤，在澳大利亚卖断货。这款T恤此前一直销量平平，没想到在澳网（澳洲网球公开赛）被一位名不见经传的英国球手带火啦。

这名网球手名叫丹尼尔·埃文斯，在2017年澳网开赛前，遭到网协与赞助商解约。由于缺少服装赞助，他不得已跑到商店买了一堆纯白的衣服。

出人意料的是，**穿着白色战袍的埃文斯先后战胜世界排名前10的两位种子选手，挺进16强。**赛后，球迷们争相涌入商店，抢购埃文斯同款T恤……

这件T恤，充满了埃文斯的故事，网友的抢购，是对他被网协和赞助商抛弃的"同情"，对其自强不息"争气"的点赞。网友买单的不是T恤，**而是埃文斯赋予T恤的故事。**

如今，所有的企业都明白一个道理，**无论是产品还是品牌，谁会讲故事谁就会赢。**

003 普洱，最好的得是爷爷留给孙子喝的

说了茅台，又说了T恤，现在是不是要说酱香酒了呢？

不是，我们再来说说同样是中国特产的茶。

龙井最好的只能是在龙井村，普洱最好的得是爷爷留给孙子喝的，大红袍得是天心永乐寺九龙窠的才是正宗……

故事越传越离奇，越离奇就越有名，**这种故事有时候还不能百分百真实，非得留一个小口子。**真真假假，虚虚实实，才有想象，才有故事。什么意思呢？"哪有那么多大红袍啊，大红袍只有那几株嘛。"你这么想，较真了，无趣了。

比如，非得给大红袍蒙上一个"特供"，然后"真山寨伪正品"就有了狂欢的舞台。那么，有没有真的呢？可能有也可能没有，你喝去吧。

再往后，再弄些皇帝说、状元说、茶婆婆说之类的各种传说，新茶做旧便罢。

但是，这不重要。还是那句话，**故事说得好，赚钱赚到老**。

004 "会讲故事"是卖酒人的核心竞争力

除了茅台，茅台镇也好，酱香酒也罢，几乎是没有故事可言的。

"小说是写的，故事是编的"，但是，**营销毕竟不是写小说**。

那究竟什么是故事呢？拿山荣的话来说，**"故事就是事故"**，**"故事是故意弄点事儿出来"**，**"故事是一件事儿、三二个人、转儿个弯儿"**。

因为从事酒文化研究和咨询的缘故，山荣经常接到各种要求"编故事"的请求。但是，80％的都被我拒绝了。

为什么呢？因为这些卖酒人还习惯于本位表达。**就是站在自己的立场，说自己想说的话，而不是说受众、市场想听的话**。比如，不是你懂得酱香酒工艺，什么"12987"，消费者也能懂，游客也有兴趣懂……何况，这玩意儿的传播成本显然太高了。

我一说酒文化，你就又进套了

2017 年 7 月 6 日，我写了一篇《茅台"怒掷酒瓶振国威"故事是假的……你这么想，就进套了》，从个人的角度，谈了一下如何思考白酒品牌文化建设的问题。

殊不知，竟引得骂声一片，"退一万步，就算人家是假的，你没有有力证据就闭上你的尊口……"

如此留言者，正是酒圈中人。尽管我在标题中已经明确告知，"你这么想，就进套了"。但是，很遗憾，**贵州白酒很多就是这样一批缺乏起码逻辑思维能力的人在"卖"。**

"小说是写的，故事是编的"。一流品牌，**无一例外都在"讲故事"。**依云水治愈肾结石的故事，对消费者而言，是一个精彩的故事；对依云水自身来讲，就是文化，而且是高格调的"水文化"。

酒文化何尝不是如此？酒文化或者更具体一点，黔酒品牌文化的建设与输出，如此宏大的课题，要下一个定义是很困难的。对市场、对消费者而言，下了定义又怎样呢？

就像我的故事，很多人根本没兴趣知道。但是，**我讲的故事，我说的文化，正是你关注的，你喜欢的，你想知道的。**

它引发大家的关注，甚至让大家对我指指点点——**这是营销中求之不得**

的深度互动啊！因此，我有理由说——《进套了》这篇有关黔酒品牌建设与输出的文章，是成功的。

如今，很多观念都颠覆了。酒好，不是靠酒质，而是靠吆喝。**酒文化好，不是靠文化本身，而是文化所承载的、与消费者关联的讯息。**

连街头小贩都能打出"甜得像初恋……"的广告，偏偏白酒品牌一上来就要训诫消费者"爱我中华，为国争光"！或者像酱香酒，竟然说自己有一股"盐菜味"（盐菜味是什么味）。

个中高下，不言自明。

如今，品牌忠诚度越来轻了，而产品忠诚度的分量却越来越重。比如，酒文化如何运用呢？很多品牌其实搞反了。他们对酒文化的理解，就是先编个唐宋元明清、祖宗八代传承至今之类的故事，或者拍一部自以为消费者很喜欢的广告片（纪录片），但是，产品却一成不变……

酒文化的路径，似乎应该是产品＋酒文化、营销＋酒文化、渠道＋酒文化，最后，才是品牌＋酒文化。

也难怪，他们只要结果，不要过程。

据说，当年白酒行业的风云人物，古井集团原董事长王效金，曾当面质疑营销人员："你懂白酒吗?"结果被霸气怼回去，"我不懂白酒，但我懂消费者。"于是王效金服气了。

都说中华酒文化博大精深，我可能不懂酒文化，但，我懂一点传播。所以，关于黔酒品牌文化的建设与输出问题，咱们还是有点耐心，先来谈谈建设问题吧。

酒卖不完，钱也挣不完，完全没必要那么着急！

相关链接：依云水治愈肾结石的故事是 1789 年夏天，一个法国贵族不幸患上了肾结石，难以治愈。当时正流行喝矿泉水，他决定试一试运气。有一次，他来到阿尔卑斯山下的依云镇，饮用了当地的泉水，并坚持了一段时间，不久竟发现自己的肾结石奇迹般痊愈了。这件奇闻迅速不胫而走，专家们随后做了专门分析，发现里面富含各种对人体有益的矿物质，用科学的事实证明了依云水的疗效。

之后，人们蜂拥而至，都想亲身感受一下依云水的神奇作用。甚至连当地的医生都将依云水作为药品，用于治病。有经营头脑的人开始将泉水用篱笆围起来，向闻讯而来的人们出售。更神奇的是，连拿破仑三世也慕名而来，喜欢上了这种神奇之水。据说，依云水的名字就是拿破仑三世赐予的，以纪念依云镇出产的这种矿泉水。有了皇帝的青睐和提携，依云水一时之间名声大噪，声名远扬。依靠这样的文化背书，依云水的身价也随之大涨。

深度揭秘茅台职业酒师，适不适合吃这碗饭你自己评判

001　茅台镇只有20％的好酒……

2018年开年以来，酱香酒行业被"海银"两个字搅得地覆天翻。海银人放出话来，"茅台镇只有20％的好酒……"

茅台镇可有上千家酒厂呢，瞬时间群臣激愤，"海银，你当真目中无人么"？但山荣知道，这话你再怎么不爱听，你也无力辩驳。

茅台镇80％的小酒厂产品不能说不及格，但山荣有充足理由说它不优秀。这话十分讨嫌，有点"讨打"。但，你不得不服，你心服口服。

一位去年下半年刚从茅台酒股份公司辞职，现在某民营酒厂担任董事总工程师的朋友，郑重其事地道出了幕后真相："茅台镇80％的酒老板，其实不懂酒；某些酒厂，酿造就是一笔糊涂账，更不要谈品评，也不要谈分型定级或者勾调了。"

山荣曾亲眼目睹某酒厂的"大师"，连轮次酒都分不出来。如果这样也能做出"好酒"来，你信么?!

据不完全统计，仁怀市白酒行业从业人员约10万人。以生产现场管理人员及一线工人而论，除茅台酒股份公司4万名员工有着较为系统的职业技能培训外，地方酒厂的上万名酿酒工人基本上没有接受过岗位培训。直接从事

技术工作的人员中，以行业公认的刚性指标——国家白酒评委而论，茅台集团数十人，地方酒厂屈指可数；就以贵州省白酒评委而言，地方酒厂也不足百人。

"茅台镇只有20％的好酒……"答案在这里——**技术科研人员严重不足，具体地讲，酒师青黄不接**。刘强东说过，"所有的失败，最终都是人不行"。原因，就是这个。

002　10年，才能判断你适不适合吃这碗饭

众所周知，酒色、香、味俱全，仅靠仪器测定是不能全面地评价酒的优劣的，还必须通过人的感官如眼、鼻、舌、口腔来评定。

更要命的是，不同的酒，蕴含不同的色、香、味、体，以及由此形成的风格。自然，不同的酒给人以不同的享受，使人"知味而饮"——从这个角度上说，品酒既是一门技术，更是一门艺术。

那么，一名合格的酱香酒酒师究竟是怎样炼成的呢？

品酒如习武，没有天赋，后天的努力可能都是白搭。通俗地讲，你在污染重、口味重的城市待上三五年，嗅觉味觉都被雾霾、转基因重口味的食物破坏殆尽，要真正学习品酒，难！

举个例子：品酒第一式，辨五味——酸甜苦咸鲜。这个谁不会？别急，把盐水配成0.15g/100ml，把柠檬酸配制成0.04mg/100ml，你还能尝出来吗？夸张地讲，**如果这个配比的咸、酸是毒药的话，山荣跟你赌1块钱，99％的人会毫无察觉地被毒死**（你可知道：家里喝汤，盐的浓度通常大于1g/100ml）！

天赋好的人，毕竟是少数。郭靖的资质实在是不敢恭维，但他练成了降龙十八掌，靠的是勤奋。一代国酒大师李兴发的后人回忆："父亲曾经连续几个通宵勾酒，他身体出现的这种危急病态，完全是累出来的。父亲每天上班，都要尝取五六十坛酒，最多每一天要品尝百余坛，在品酒过程中经常吐血。"你自信会比李兴发勤奋多少？

以上这些，或许感觉与你无关，你也不感兴趣。那我索性告诉你，大师

是这样炼成的：3 年入行，5 年入门，8 年勉强登堂入室，10 年才能判断你究**竟适不适合吃这碗饭。**

而且，这一道坎无论如何都迈不过去，那就是时间。如今，行业里持有各种资格证书的人多如牛毛。山荣也是国家一级品酒师、贵州省白酒特邀评酒委员。

但是，没有时间的积累，没有高人的指点，哪怕你是宇宙一级品酒师，都白搭！

003　月入万元，只是这个职业起码的体面

酒林高手，得来不易。所以，大师的待遇自然丰厚。

讲个故事吧：郑义兴，茅台酒工艺的奠基人。有关他，一直流传着各种充满神奇色彩的传说："几个老板要请他，一年前就得和他订约"，"光定金就是几根金条"，"钱多钱少都是次要的，关键还得看他高兴"。

成立国营茅台酒厂前，郑义兴是茅台镇上成义、荣和、恒兴三家烧房都不惜重金争夺的对象。时至今日，白酒江湖仍如此：无论闻名江湖的"茅台八仙"，还是能叫得上名号的茅台镇高手，他们勾调酒向来是论斤计价的。

按照黄金分割法则，如果你能坐上酒师圈的前 20％的座次，那酒老板们赚钱，你就坐等数钱，关键还得看你脸色；**就算是你终其一生也逾越不了这条"金线"，月入万元，只是这个职业起码的体面。**

如果说卖酒已经是一片红海，血肉横飞，你没有几把刷子，就吃不了这碗饭。那么，行业内部"补位"，比如酒师，比如生产现场管理，还是一片蓝海。也许拼时间，你就能换得一点空间。所以，各种白酒品评、勾调培训班热了起来。

以上这些，其实是写给不是酒师的人看的。作为一名仁怀酱酒服务员，山荣知道，你已经打定主意，就是要在这条路上死磕下去，可你却不得不面临这样的困境：行业里，你几乎没有走上前台露脸的机会，毕竟大师们还在前排坐着；技术上，你几乎没有说话的资格，毕竟前辈们还在这个舞台上；交流上，你几乎就是在小圈子里你来我往，毕竟众香皆妙，酱香除了茅台，还有郎酒、习酒、珍酒、金沙、钓鱼台、国台……

茅台镇有个"围腰帮"，你猜"老大"是谁

有人的地方，就有江湖。这话不是古龙说的，是任我行说的。

有江湖的地方，就有帮派。在茅台镇，就有个"围腰帮"。这话，是周山荣说的。

没听说过？

那好，山荣来告诉你，有关茅台镇"围腰帮"的故事，以及那些"老大"们。

001　袍哥的家国大义

茅台是个商业码头，历史上，"袍哥"等帮会影响深远。汪斗南，就是清末民初茅台"袍哥"，"仁"字堂口的大爷，即所谓"舵把子"。

清宣统三年（1911）五月，四川等省人民掀起保路运动，汪斗南受四川保路同志会的影响，找当家三爷罗光鳌会商，组织了茅台保路同志会，"袍哥"多数会员参加，并公推汪斗南为首领。

茅台保路同志会呼应四川保路同志会"路存与存，路亡与亡"和"驱逐鞑虏，恢复中华，创立民国，平均地权"的号召，并积极支持贵州辛亥革命政党自治学社的革命活动，取得了贵州辛亥革命的成功。

1914年，窃取贵州革命胜利果实的刘显世，委派刘显潜到黔北清乡督办。

刘显潜让人称"何屠户"的何绍孔到仁怀一带清剿同志会，屠杀同志会会员数百人，汪斗南在茅台被砍头示众。

002 "围腰帮"的江湖热血

茅台镇上的酒师，多是袍哥兄弟。民国初年，他们依托袍哥内部组织，团结起来与东家斗争。

史料记载，1942年，"成义"烧房工人周绍清、张佐荣、杨志彬等人，采取"调把"的形式（结拜为弟兄），团结起来斗争。一旦老板欺压"调把"弟兄中一人，大家团结起来，共同应对。

工人们看到组织起来对付老板有力，尝到了团结的甜头，于是"调把"这种组织形式逐渐在工人、酒师中扩大，由"成义"发展到"恒兴"。**因为参加"调把"的都是扎围腰的工人和酒师，所以人们称这一组织为"围腰帮"。**

1947年，货币贬值，酿酒工人生活条件日益恶化，工人向老板提出增加工资的要求，遭到拒绝。于是，茅台镇"围腰帮"成员集体向老板交围腰，罢工停产。

"成义"经理薛相臣把工人们叫到办公楼上开会，威胁说罢工是造反，要镇长把他们抓起来。但"围腰帮"没有屈服，坚持罢工，终于迫使老板让步，调整了工资。

003 "围腰帮"的大佬们

当年的酿酒作坊生产条件落后，工作十分艰苦，酒师们的劳动保护用品就是草鞋和围腰布。六月天，晾堂里的出甑酒醅靠自然降温，工人们打着赤脚，光着上身，只穿一条短裤，拴一块围腰布，在热气腾腾的酒糟中翻掀打耖……

后来，酒师们以成义烧房为据点，经常在烧房里聚集商议事务，交流生产技术问题。他们一方面团结一心与东家斗争，争取权益。另一方面，恪守

"千金在手，不如一技傍身"的古训，在酿酒技艺上精益求精。

　　大酒师招收学徒，正式拜师必须在"围腰帮"首领的见证下进行。于是，"围腰帮"成为了茅台镇酒师的"集散地"。**烧房间竞争激烈，镇上烧房要聘用酒师，也得从"围腰帮"想办法。遇到复杂的生产技术问题，则由"围腰帮"召集大酒师们商讨意见。**

　　后来成为国酒茅台著名酿酒师的郑义兴，当年在"围腰帮"倍受推崇。

传统与现代，新中产与新工匠，这些你可能并不知道

2020 年，中国就要基本实现现代化了；2017 年，还言必称传统的行业真的不多了。

其中喊得最厉害的，白酒行业绝对能排得上号，酱香酒尤为典型。

传统是什么？似乎没有几个人认真推敲过。今天，山荣就来说道说道。

001 言必称"传统的"酱香酒，可否知道是什么

传统，词典上的解释，是"世代相传的精神、制度、风俗、艺术等"。

这个解释，把简单的事情搞复杂了。按山荣的理解，传统是用来界定发展历程的一个定性词语，它相对的是现代——传统是一个相对的概念。

进一步拆分。

所谓"传"，就是指时间上的历时性、延续性，指那些过去有的、现在仍然在起作用的东西，是一代一代传下来的还有生命力的东西。比如白酒，是以粮谷为主要原料，以大曲、小曲或麸曲及酒母等为糖化发酵剂，经蒸煮、糖化、发酵、蒸馏而制成的蒸馏酒——蒸馏对白酒来说，无论其他情形如何变化，就是"传"！

所谓"统"，既指空间的拓展，也指权威性、认同性。每一代人都认为应

该如此、不得不如此的事物，就是"统"。比如，飞天茅台酒就该是大曲浑沙酒作基酒，且从生产、贮存到出厂历经五年以上，就是"统"。

茅台镇酱香酒，传统面前，你是谁？现代面前，你又是谁?!

002 言必称"中高端"的酱香酒，可否知道是为了谁

茅台酒的主要消费群体定位在全国 1.09 亿中产阶级。

周山荣说，非茅台酱香酒的目标受众，上要有"小众化"的格调，锁定中产精英，如同波尔多既有拉菲，也有菲比富爵，还有飞卓、美人鱼城堡和克拉米伦，等等；下要有"烂大街"的通俗，就是特色餐饮店、手机朋友圈、互联网社群都能见到它们的身影。

中国的白酒消费已经实现了新一轮迭代。具体表现为，消费者对于产品品质的需求大幅提升。20 年前，父辈们为了过酒瘾，"酒精＋水"照样能解决问题。现在，你看他还会这样喝酒吗？民众的消费能力、消费需求和消费心态，过去几年中已悄然发生了巨大变化。问题是，消费升级后茅台镇酱香酒的产品力在哪里呢？

消费者的需求，总归是从物质追求到精神需求，从口感需求到品牌需求。所以，品牌和产品本身是合二为一的。但是，人们很多时候却把品牌和产品割裂来看，认为茅台镇就该把精力放在酒的生产上。其实针对消费者角度来说，他消费你这个酒不只是喝了你的口感，更主要是品牌。看看洋河，看看枝江，你就明白这是啥道理了。

茅台镇酱香酒，就是放不下身段来。比如，低于 100 元/瓶的盒酒做不了，就不能做低于 100 元/瓶光瓶酒么？品牌力不够，就不能玩玩产品力么？

003 言必称"工匠"的酱香酒，可否知道举什么旗？走什么路

今天不谈工艺本身，谈谈工匠。不是传统工匠，而是现代工匠。

什么是现代工匠呢？财经作家吴晓波对新工匠、新匠人有过一个"三新主张"的解读，我十分赞同。

新审美——活在社会升级里的消费者，凡事讲究个有趣儿、好玩儿。茅台镇酱香酒是好酒，关我什么事？我本来就不怎么想喝高度白酒。而且，那么多产区，那么多品牌，也说自己是好酒，但是，人家更有趣。因此，茅台镇酱香酒的酒水、包装、品牌等等，或许到了突破旧有美学范式，为当代生活服务的时候了。未必就是迎合，而是能够别开生面。

新技艺——活在特色餐饮里的消费者，厌烦了重口味，抵触着地沟油，因此，茅台镇酱香酒需要在个人定制与可复制之间，**需要在"高端"与"大众"之间，需要在"浑沙"与"串香"之间**，寻找微妙的、危险的平衡。总之，要运用一切可能的新手段，让所谓的"国酒××"变成你我平民的家常之物。

新连接——活在手机朋友圈里的消费者，已经基本打破了多数消费者对白酒的信息壁垒，有关品质、价格，事实上你已经蒙不了他了。**他所以要买9.9元/瓶的串香酒，八成是他确实只能在这个档次上"讲究一下"（消费者这个选择的另一面，是他至少知道"茅台镇"对于白酒有着特殊意义）。**那好，你就得充分运用互联网模式，再造你与消费者的关系，把消费者真正服务好。

茅台何善人碑修复了，可与你无关吗

据说，世间所有的事，可分三种：

自己的事，别人的事，上天的事（或大家的事）。

比如，九月初九，茅台镇重阳祭水。对酿酒卖酒的人来说，祭水好比过年"叫老人"。茅台有句古话，"不叫老人肚皮疼"。

所以，祭水就是茅台人"自己的事"。虽然祭个水既麻烦又费钱，但茅台镇要祭，茅台酒厂也要祭。

何善人碑，在茅台镇上已经存在了70年。

2018年上半年，网上传出消息说它不见了。知道何善人碑的茅台人，并不多。知道的人，也不会觉得这块石碑有什么价值意义。所以，对何善人碑修复这件事，确实是"别人的事"。

何善人在世的时候，正是茅台码头兴盛之时。烤酒的工人、背盐的老二、船夫，共同形成了一种生存生态。

当年的茅台，讲究"操码头"，无论三教九流，一声"拜码头"，就可以通行无阻，讲的是"为兄弟两肋插刀"的"耿直"和"义气"。

何善人，就是这样茅台人的典型代表。

从"袍哥"到"同志会"，再到烤酒的"围腰帮"，这种精神深入茅台人的骨子里。

可以说，茅台人的精气神里头，既有"袍哥人家，绝不拉稀摆带"的豪气，也有酱香酒讲究"勾兑"的基因，还有何善人与人为善、助人为乐的"底子"。

人们把茅台叫做古镇。

除了传承千年的酱香酒工艺，茅台镇上真正"古"的东西其实不多。以各级文物为例，扳着指头都数得过来。四渡赤水旧址、德庄民居、茅酒之源，等等。

何善人碑的存在，证明70多年前，茅台有个人，名叫何明荣。用今天的话来讲，他是"茅台雷锋"。

他的事迹，留在乡间；他的名声，不出仁怀。何善人和他的纪念碑，今天还有什么价值呢？

稍微读过书的都知道湖南凤凰有个"沈从文"，写过一本书叫《边城》。文艺青年们去了凤凰可能都要去沈从文的故居转一圈。**如果说，沈从文是凤凰的灵魂；那么，何善人就是茅台镇的"底子"。**

因为一杯酒，茅台人重工重商。有时候，商业是不那么讲根底的。

茅台镇祭水大典，99名传承人誓言"手艺为本"。这句话成了媒体报道祭水大典的标题。茅台镇上创业早一些的企业，已经有30多个年头了，"二代"早到了接班的时候。所以，这句话对酒老板们有万千滋味在心头。

企业继承，手艺传承，其实，首要的不是怎么传递，而是传递什么。

幸好，茅台有何善人！**何善人那种善待邻里、善待社会的生活态度和文化积淀，正是今天的茅台人所需要的。**甚至可以说，这种文化，已经和还将继续塑造茅台人。何善人碑，表面看只是外人认识茅台人的一个载体，但是，它必将继续影响和滋养这块土地。哪怕某家酒厂不在了，它都还在。

所以，何善人碑的修复，确实和你、和每一个茅台人有关。

相关链接："何善人"本名何明荣，仁怀市茅台镇人，生活在1874年至1944年。

据悉，清末到民国时期，茅台镇盐运、白酒交易繁盛，天南地北的人聚集茅台。大约从1910年起，何明荣每天都在家里烧好茶水，挑到镇上，送给过路人解渴。他还用葵花杆、荆条等制作"亮杆"（火把）和小灯笼，送给赶夜路的人照明，同时还常送米、送衣服、送钱给有困难的乡亲、路人。

"417 岁"的茅台，是怎么来的

由世界品牌实验室（World Brand Lab）编制的 2016 年度（第十三届）"世界品牌五百强"中，中国入选的品牌共有 36 个。其中，茅台获封最古老的品牌（Moutai，417 岁）。

那么问题来，茅台这个"417 岁"是咋来的呢？且听山荣慢慢道来。

001　关于茅台，你该知道的哪些事儿

关于茅台，关于茅台酒和酱香酒，这些事情你有必要知道：

3000 年前，茅台地域就有深厚的饮酒习俗。1994 年初，在茅台上游的东门河畔发掘的商周时期的酒器——夹砂陶大口樽，证实那时的人们已经掌握了酿酒技术，而且大量存酒、饮酒。**这个时间事实上比汉武帝"甘美之"还要早一点——不是一点，而是一千多年。**

2000 年前，茅台流域已经具有了规模性的酿酒生产能力。1992 年秋，在茅台下游一个叫卢缸嘴的地方，发掘了一处汉代遗址。出土文物中，既有可用作食器也有可用作酒器的瓮、罐、碗等，还有专用酒器——铺首衔环酒壶。这说明，早在汉代，今茅台一带就是人类活动比较集中的地区，已经具有了规模性的酿酒生产能力。

700 年前，茅台的酿酒生产力水平已经达到了相当高度。证据就是仁怀名

酒工业园区荣昌坝宋墓里出土的飞天仙女石刻（茅台镇有"飞天仙女临河赐酒"的传说）。

400年前，茅台酒的回沙工艺成型。学者曹丁在《茅台酒考》中说，"北宋已开始生产大曲酒，至迟在明代以前，回沙工艺已经形成"。

002 关于"417岁"，你可能不知道的事儿

自2003年开始，"欧元之父"罗伯特·蒙代尔教授（Robert Mundell）担任主席的世界品牌实验室，就对世界50个国家的4万多个主流品牌进行跟踪研究，并建立了最大的世界品牌数据库。罗伯特·蒙代尔曾荣获诺贝尔经济学奖，他所主导的项目的严谨性自然不容置疑。可问题是，众所周知，茅台酒厂成立于1951年。

显然，世界品牌实验室所说的茅台"417岁"，并非指今日茅台作为一个企业的历史。**而是指"茅台"二字作为一个"品牌"，"出生"至今的年龄。**

《中国贵州茅台酒厂有限责任公司志》载，"在茅台村邹氏明代《邹氏族谱》上，标有茅台村酿酒作坊位置，是最直接的酒坊记载"。邹氏为随李化龙部入黔平播留驻军之后人。《贵州通史》记载，明朝万历二十七年间（1599年），为平定播州（今遵义市），宣慰使杨应龙起兵，"勒兵数万，五道并出"，朝廷派都御史兼兵部侍郎李化龙调集各省之兵力达20余万进军贵州，大战114日，耗银百万两，于万历二十八年（1600）六月平定播州。

这说明，400多年之前的茅台，就已有酿酒作坊存在，酿酒工艺已也成熟。所以，茅台以"417岁"高龄，获封世界上最古老的品牌（Moutai，417岁），可谓实至名归。

买酒、卖酒、烤酒的请注意：他，不是茅台人

除去"国酒茅台"，茅台镇酱酒也是百亿产业。因为这个原故，各色人等混杂其中，浑水摸鱼，想分酱酒一杯羹。

这本是茅台镇充满活力的表现。但是，如果那些不是茅台人的人打着"茅台人"的幌子和你打交道，做生意……后果会很严重的。

怎么揪出"伪茅台人"？

家里老人去世后，照例要写祭文。

祭文最后，都有一句"呜呼哀哉，伏惟尚飨"。

翻译成大白话，就是"呜呜呜，啊啊啊，好伤心啊，我趴在地上请您用餐"。

这句话表达生者对逝者的尊敬。就跟我们请客的时候，对客人说"别客气啊，吃好喝好"，是一个道理。

历史上，我国那些大人物、大家族都有家庙。庙里不一定住着和尚，但一定住着他的祖先——摆放的是列祖列宗的牌位。逢年过节，就集体去请老祖人吃冷猪肉。

如今，一个宗姓要合伙建祠堂。自己家里，得有"香火"。过年的时候，再穷也要摆些"刀头"敬酒。请祖先吃饭——祭祀，对所有中国人来说都是头等大事。

茅台镇酱酒行业，曾经也是遵循祖宗之法的。

茅台镇旧俗，新中国成立之前每年烧房都要"办会"。这天，酒厂老板、酒师们备好刀头、酒礼、焚香秉烛、三跪九拜祭祀酒神。

1969年、1972年、1975年，当时正处于"文革"，祭祀被视为封建迷信。但是，**茅台酒厂的酒师冒着坐牢的风险，仍然在杨柳湾、在茅台河滩举行祭祀。**

祭祀现场，女人和闲杂人等不得入内。但是，12岁以下的小孩和80岁以上的老人可以。

据考证，祭祀仪式有三大重点，一是祭神，二是取水，三是拜师。

祭神，就是乞求神灵，"酒神啊，我请您吃饭，您要保佑我们烤好酒哦。"取水，是因为取回圣水"下沙"投料，象征着一年一个生产周期的起点。拜师，理论点讲，则是酿酒技艺与酒文化传承的物质载体和物化表达。

总之，**就是以仪式性的祭祀活动，表达茅台人对水、对自然的敬畏与尊崇。**

不管是祭祖宗，还是祭水，按照祭祀的逻辑，后代（也就是活着的我们）其实是先人的饭票。古人说"不孝有三无后为大"，那是因为你会断了先人的"饭票"。所以，我们把男孩叫做"传香火"。香火自然就是家庙里祭祀用的香火，没了"香火"，先祖们就要流离失所在阴间忍饥挨饿了。

时至今日，茅台镇烤酒卖酒的人还是遵循这一传统的。

每年农历九月初九也要办会，隆重地举办重阳祭水大典。**因为他们知道，用茅台土话说，"不叫老人肚皮痛"。但是，就是有人不信邪，只管自己吃饱，不管祖宗的肚皮。**

这样的人，茅台镇过去有，现在有，将来还会有。但是，茅台人告诉他：既然你不认茅台镇这个祖宗，那么，茅台镇也就不认你这个不肖子孙。

数典忘祖的，不是茅台人！

九九重阳，不去茅台河边祭水的，不是茅台人！

相关链接：今天的茅台镇重阳祭水习俗，将历史上"办会"的核心内容

——取水、迎水、祭水抽离出来、保留下来。外化的表现形式中，取水时的祭祀对象为二郎神，民众统称水神；迎水时的祭祀对象为水本身；祭水时的祭祀对象为茅台镇酿酒历代祖师宗师。由于以水为主祭品，故俗称"祭水"。2017年，"茅台镇重阳祭水习俗"被遵义市人民政府公布为全市第四批非物质文化遗产。

在茅台镇哪些才是"有钱人"

001　茅台镇卖酒人的朋友圈

周末，晚间。闲来无事，翻翻微信朋友圈。

"出货了，出货了，价格优惠！跟车、自提……"

"'百万×酒免费送，邀您荣耀品鉴'活动进行中"

"仁怀市酒类企业专项整治指导培训会召开"

"'大曲酱香本来天香'品鉴会举行"

这些信息，有人看到的是酱香酒的生机与活力。

山荣看到的是茅台镇卖酒人的天与地。

002　茅台镇的"中产阶层"

哪些人是茅台镇真正的"中产阶层"？

卖酒的：好酒好客户、电商低价酒、企业负贷照样跑的。

上班的：有正职工作兼副业、厂里双职工、家里有实力的。

与之相反，就是在社会上挣扎谋生的了。你呢，属于哪一类？

003 好酒好客户……

茅台镇除"飞天"、"五星"外，好酒其实是不多的。

2013 年以来，生产断档。就说大曲酱香，如今一些人已经难以为继。

经销商、代理商比酒厂还精明，优胜劣汰的法则并没有失效：

酒好，客户自然好；客户好，这日子过得自然滋润。

004 电商低价酒

互联网＋，在今天电商平台风生水起之时，终于算是"＋"上了。

在茅台镇，"电商＋低价酒"已然成为行业主流。

数以百计的电商团队活跃在贵阳、仁怀和茅台镇上。

笑骂由他笑骂，好事我自为之。九块九包邮、免费送、朋友都在喝的酒，已经成为很多卖酒人的追求。

005 企业负贷照样跑

不是说哪个酒厂一分钱没贷就牛。

而是说，贷了款，照样生产，照样发展，总之有点"内功"的那些。

要听他呻唤，"都在跟银行打工"；要听他忽悠，"马上利息要还几百万！"

有一个地方是大酒都的民间统计局，数据比统计、比税务都精准——这个机构叫物流。

006 还有这些人……

有正职工作兼副业，不开奔驰不坐宝马，副业赚的比主业多，用现在网络新名词就是"睡时工资"。

厂里双职工，在哪个年代，效益好的厂里双职工都是很多人眼红的对象。

家里有实力的，"厂二代""酒二代""富二代""官二代"是"天生优势"，这个咱们按下不表。

公务员、教师、个体户、卖酒的，你又属于哪一类呢？

007 不怕穷，就怕怂

穷不可怕，怕的是怂！兜里没钱不悲催，悲催的是身上没劲儿！在这个地方，要想出名就要有梦想，勇敢大步去追求。

这个地方，每7～10年一轮洗牌，总有那么一批人能够脱颖而出——哪怕现在籍籍无名！

这个地方，10万人卖酒，5万人酿酒，20年后看——局面将会翻天覆地！

虽然岁月催人老，20年后你就是一名老汉。但是，**有一句话叫"最美夕阳红"！**

那些年，你不知道的"国家优质酒"和"贵州名酒"

如今，又要评"遵义十大名酒"了。

中国名酒，自不必说。可是，遵义有过一些什么名酒呢？

那些曾经名震天下的名酒，他们好像已经消逝在历史的烟云中。

今天，山荣带您回顾那些你可能不知道的遵义名酒。

001 "中国名酒"与"国家优质酒"

遵义有两大国家名酒，分别是茅台酒和董酒。

茅台酒就不用介绍了。董酒，独创"两小、两大、双醅串蒸"工艺，其特殊香型在中国白酒中独树一帜。1963 年、1979 年、1984 年、1989 年在全国第二、三、四、五届全国评酒会上，被评为中国名酒之一。

"国家名酒"之外，还有"国家优质酒"，那就是珍酒、习酒和湄窖。珍酒、习酒按下不表。湄窖创始于 1952 年，够年头了。20 世纪 80 年代，它那芳香浓郁的浓香，成为一代人"记忆里的味道"。先后被评为省优、部优、国优产品，其中，1989 年在全国第五次评酒会上，被评为"中国优质酒"，与习酒、珍酒并驾齐驱。

002　那些活着和死去的"贵州名酒"

遵义境内，荣获贵州省名酒称号的白酒产品，据统计多达 15 种。

如今还能看到身影的，分别是鸭溪窖酒、怀酒和台源窖酒 3 种。鸭溪窖酒，据《遵义新志》载："遵义县西之鸭溪坊，亦得茅台酿造之法，产酒有'二茅台'之称，又以雷泉驰名。"创始于 1885 年，1957 年建厂，1962 年即被评为"贵州名酒"，1986 年第四次蝉联"贵州名酒"称号。

论历史，怀酒是与国营地方茅台酒厂同时成立的老牌酒厂。始建于 1951 年，时称"中枢酒厂"，隶属是仁怀县工业局。此后隶属关系几经变迁。20 世纪 80 年代，投产大曲酱香酒——如以除茅台之外的仁怀酱香酒而论，非怀酒莫属。其时，怀酒市场零售价达 27 元/瓶，仍门庭若市，并获奖无数，是资深的"贵州老八大名酒"。

台源窖酒——1978 年，茅台酒厂党委根据毛主席"五七指示"筹建"家属五七厂"。1984 年，五七厂合并到茅台酒厂劳动服务公司。1985 年，劳动服务公司第一个产品，同时也是贵州茅台酒厂的第一个子品牌——台源窖酒上市。台源酒，因此成为原地方国营贵州茅台酒厂的传统老品牌，堪称茅台集团子品牌战略的发轫之作。

003　那些不见踪影的贵州省名酒，还有 12 种

○赤水老窖，赤水县酒厂生产，浓香型白酒。

○芙蓉江窖酒，道真县芙蓉江酒厂生产，以县境内芙蓉江而得名，浓香型白酒。

○枫榕窖酒，遵义县枫香窖酒厂生产，浓香型白酒。1972 年投产，1982年批量上市，曾风行一时。

○黔北老窖，原遵义市董公寺镇黔北窖酒厂生产，董香型白酒。1982 年投产，后与董酒厂横向联合，产品一度销往全国。

○娄山春窖酒，遵义酒精厂生产，兼香型白酒。20 世纪 80 年代末，曾出

口新加坡、马来西亚等国。

〇习龙大曲，习水县习龙酒厂生产，浓香型白酒，酒精度为 59 度。

〇楠乡大曲，原赤水县楠乡酒厂生产，浓香型白酒。

〇习郎大曲，原习水县二郎酒厂生产，浓香型白酒，酒精度为 57 度。

〇永恒大曲，原习水县永恒酒厂生产，浓香型白酒，酒精度为 56 度。

〇习琼液，原习水酒厂一分厂生产，浓香型白酒，酒精度为 38 度。

〇贵冠酒，原习水县酒厂生产，浓香型白酒，酒精度为 59 度。

〇贵州醇，仁怀市原贵州醇酒厂生产，浓香型白酒。20 世纪八九十年代，因为兴义贵州醇的纷争，1999 年 4 月按贵州省政府指示停止生产。

学喝酒从娃娃抓起?! 我说要不得，茅台人却很赞

未成年人饮酒，经常被推进报端和朋友圈——这样的舆论，把酿酒人搞得确实有些尴尬。

对此，全国酿酒行业也似乎集体失语，鲜见酒企对此作出正面回应。

这个话题，山荣却想说道说道。

001 5 岁男生能喝两瓶酒。

有报道称，某地一 5 岁小男生，一顿饭可以轻松喝下两瓶啤酒，如此"成绩"离不开爸爸的"栽培"——爸爸因经商经常会有酒桌应酬，有时他会带上儿子，想从小训练一下。

对此，山荣要旗帜鲜明地指出：喝酒作为一种生活方式，应该等他成年后由他自己决定。一切以"喝酒作为一种必不可少的生存技能和交际手段，'早晚都要学'"为由纵容孩子喝酒的都是"耍流氓"。

——"学喝酒，从娃娃抓起。"全国人民都说要不得。

002 酒都的"酒三代"，未必懂酒！

茅台的"酒二代"已经走向前台，"酒三代"们的状况呢?

虽然茅台孩子占据了天时地利人和，但是他们对酱香酒，其实所知不多。近年来，那些从茅台考到全国各地去上大学的孩子，他们常常以酒都人自居，但却对酱香酒一知半解。**难怪有人感叹，"茅台的娃儿，其实不懂酒！"**

数年前，杭州有小学就开设了茶文化课程。课程通俗易懂、深入浅出，一二年级的孩子，针对他们开设的课程内容多是讲一些关于茶常识、与茶有关的故事之类的课程，让他们对西湖龙井、对茶有一个大概的认识。三四年级的孩子，则开设采摘茶叶、观察茶叶生长等课程……

反观茅台酱香酒呢？

——茅台娃儿，"喝酒"就该从娃儿抓起。

003　茅台人主张娃娃"从小学喝酒"

很多生在茅台的孩子，打小就在弥漫的酱香熏陶中长大——虽不至因此练就半斤酒量，但茅台娃儿对酱香酒天生没有那么多隔膜。

因此，"学喝酒，从娃娃抓起"的做法，在茅台更为多见。但殊不知，这可能给孩子留下心理阴影，长大后对父辈奉为经典的酱香酒避之唯恐不及。

2013 年，仁怀市周林学校董事长周莉女士与周山荣合作，推出了校本教材《神秘茅台我的家》，目的就是要把茅台酒文化从娃娃抓起来。

"这个课程的设置，既是为了孩子更加了解家乡，更是让孩子们对茅台酒、对酱香酒的有更多认知……"周莉认为，传承文化不只是说酒如何好、有多悠久的历史，最重要的是让人们了解酱香酒为什么好，它与健康有什么关系。

——酱香酒文化，才真正需要从娃儿抓起。

贵州茅台镇：请你改思维，说人话

　　每一年，茅台镇都要大张旗鼓地搞重阳祭水活动，而且对活动形式也是大费心思。主办方曾经聘请了民俗、旅游、酒文化方面的专家，闭门研讨，力图对祭水活动进行创新，**想要提升祭水活动的仪式感、庄重感和神秘感**。

　　但是，与其说是改进祭水活动的设计，增强仪式感，不如说是在**新时代，探索我们究竟该如何对酱香酒的品质进行文化价值的创新表达**。

　　这个问题，我始终没有找到思维突破口。

　　直到某日，夜遇一老者。

　　这位老者不烤酒、不卖酒，专业是摄影，就是喜欢喝酒。

　　他说他现在只喝酱酒。问其原因，他说，看了陈道明的习酒广告，觉得酱酒更有品位。并补充说明，陈道明虽然老了，但他给人的印象就是睿智的中年成功男人。

　　这老者，显然不是一般的酱粉，更不是一般的酒客。否则，不会想到这一层。

　　他的说法让我想到：**向世界展示一个有品位的茅台镇、有格调的酱香酒，需要表现出传统文化的现代形态**。

　　酱香酒需要什么样的表达？我想没人知道答案。但是，我们能从别人的身上找到借鉴。

　　以威士忌为例，它从来不跟消费者谈"12987"，在大众传播中，它从来不直接对品质进行宣传。

威士忌，总是通过攀岩、赛马、热气球、邮轮等等，这些让人向往的高品质生活来暗示产品品质，**通过积极向上的品牌诉求，获得消费者价值上的认同。**

打个比方：茅台酒的一些重要平面广告，一般首先出现在《人民日报》上。

那么，对茅台镇重阳祭水大典来说，它该以怎样的面目示人呢？

是的，茅台镇重阳祭水大典，是传统仪式感的再现，但不能止于此。

通过严格而肃穆的祭祀活动，体现出酱酒酿造的悠久历史，呈现出与传统文化水乳交融。但是，**还不够，还必须让这种场景的再现具有一种现代仪式感，让身临其境的人们产生一种内心的敬畏。**

显然，过去的茅台镇祭水大典并没有做到这一点。

茅台镇重阳祭水习俗，2017 年被列入遵义市第四批非遗项目。这为传承中的祭水活动注入了力量。

作为酱香酒文化的 IP，祭水大典的仪式感如何继续发挥与保留下去呢？

归根结底，**对于祭水的文化价值表达，国酒茅台需要领袖般的自觉，行业需要宗教般的自信。跳出祭水大典，跳出茅台镇，跳出酱香酒，必须来一场对传统酿酒文化的激活与新生。**

回到主题。

对于酱香酒，人们喜欢谈"12987"，说健康。这没有错，但是，市场迭代了，需要我们立足时下，**回归人性，着眼文化，进行与其格调、调性匹配的表达。换言之，就是要用现代诠释传统，而不是用传统诠释现代。**

亲眼见证：茅台镇人民只喝酱香酒

群众总有自己的办法把复杂的问题简单化。比如，当地人自己喝不喝当地酒？就是一个绝对有效的衡量其产品品质的办法。

2016年，《中国食品报》曾刊发《洋河镇"养生保健"名义下的酒业乱象》，报道了宿迁市洋河镇部分酒企打着"养生保健"的名义违法添加药物等乱象。随后，该报记者再次走进宿迁暗访，赫然发现：

001　洋河群众，原来都不喝本地酒

在洋河镇，洋河酒厂旁边一个散酒专卖店的刘师傅讲，他卖的散酒是绝对货真价实的洋河大厂的酒，至于怎么弄出来的，本地人有办法，外地人肯定是弄不到的。

据多位本地人讲，像洋河优曲、双沟大曲等低档次的光瓶酒，他们是不喝的。一位不具名的小伙子告诉记者，添加剂往往会用在散酒中，外地人是不知道的。

泗洪县双沟镇某酒厂董事长告诉《中国食品报》记者，食用酒精勾兑后的酒水，外包装上可以标注纯粮标准（GB/T10781.1）。

这种情况在双沟镇不止该酒厂这一家。某酒业总经理说，他们的酒厂也可以将酒精勾兑后的酒水标注纯粮标准。而对于记者要到酒水包装车间参观

的要求，对方面有难色，拒绝进入，还将车间大门关闭。

还有一种瓶底印有"双沟"字样和商标的光瓶酒，价格在每件 28 元到 36 元（12 瓶），标签上标注纯粮标准甚至纯粮优级标准，但实际上都是用食用酒精勾兑。

002　亲眼见证，茅台人民只喝酱香酒

洋河的事情由洋河人民自己去解决。现在山荣带你来看看茅台镇的人都喝得什么酒。

——数以百万计的到过茅台镇的人们可以见证，咱们茅台镇人民向来只喝酱香酒。

——**数以千万计的与茅台镇人民喝过酒的人们亲自见到，咱们茅台镇人民，能喝自己的酱香酒，就绝对不喝别个的高端酒、养生酒、保健酒。**

如果你没有到过茅台镇，也没有和茅台镇人民喝过酒，那么，茅台镇欢迎您来旅游观光、考察验证。

04

Chapter

说酒·品牌

毕竟"二代"们已经30岁左右，接班是迟早的事情。但接班之前，有一个问题摆在面前：酒老板，你拿什么传给你儿子？酒二代，你用什么承接这份产业？

茅台镇酒厂迎来"接班潮"，酒老板们你拿什么传承

"99 名年轻酱酒传承人誓言'手艺为本'"。

这句话成为了媒体报道第二届中国酱香酒节暨戊戌茅台镇重阳祭水大典的标题。

对外人，或许令人意外；对茅台酒老板们，却有万千滋味在心头。

至今，茅台镇上创业早一些的企业已经 30 多个年头了，"二代"早到了接班的时候。

中国民营企业经济总量在 GDP 中的比重超过 60%，其中 90% 是家族经营。未来 5～10 年，中国有 300 万的民营企业面临接班换代问题。

与全国民企面临的现状一样，茅台镇酒厂的"接班潮"早已浮出水面。

重阳祭水大典上的传承人集体宣誓，一定戳中了某些人的痛处。

毕竟"二代"们已经 30 岁左右，接班是迟早的事情。但接班之前，有一个问题摆在面前：

酒老板，你拿什么传给你儿子？酒二代，你用什么承接这份产业？

儿子，继承了父亲 90% 以上的基因，而女儿只有 50%。四五代下去，家族中的男孩仍旧继承 60% 先祖的基因，而女孩只有 10% 不到。

这就是男人为什么那么热衷生儿子，基因学角度得出的、有科学依据的解释。

对 99% 的酒老板来说，让"二代"接班是唯一的选择。

其实，企业传承也是基因的传递。

有一个问题可能被搞混淆了。家族的传承，首要的不是怎么传递，而是传递什么。

正确的财富创造观？勉强算及格。历经千辛万苦打拼，"酒一代"的每一个铜板都是药水煮过的，但对"酒二代"来说，无论是"80后"还是"90后"，恐怕就未必了。他们眼中，钱就是钱！

一种持续奋斗、造福利益相关方的理念，可以算作良好。家族的财富少则千万计，超越了90%的中国人；但从企业的角度，千万不过入门而已。二代接班，前有强敌，后有追兵。"别人骑马我骑驴，仔细思量我不如，等我回头看，还有挑脚汉。"你叫二代如何是好？

一种善待邻里、善待社会、善待生命的价值观，可不可以算优秀呢？不知道。所以，重阳祭水当天，99名年轻人集体登上祭祀台，齐声宣誓："天赐酱香，酒中名门。敬天法祖，不辱师承。健康为根，手艺为本。业精于勤，于我大成！"

西方的数据，第一代传承给二代的成功率是30%。是不是很残酷？

不，还有更残酷的，那就是中国传统文化的俗语：富不过三代！

中国现在的情况会不会比西方好一点儿？也许会，就像日本那样。但是，不可能百分之百成功，这是规律。

每一个酿酒卖酒的人都在追求"品牌"；每一个酒厂的墙上都挂着"百年老店"的标语。

一个企业、一个品牌不可能一代人做成，必须要经历三四代人。如何去传承？**传，是你的问题；承，是二代的问题。**

这两个问题还没有引起大家的足够重视。每个家族，都在默默地按照自己的套路，试图把这个"班"交给二代。

企业很多酒老板是看不上现在的年轻人的，跟自己的孩子也说不到一块去。于是，在企业管理过程中，很多事情都跟中年的中层说，再由他们转达给年轻人。**"企业代沟"**愈来愈宽。

有的"二代"，为了家族的产业事业，放弃了自己的爱好。有的"二代"，在父辈的目光中蹒跚学步……

前几天，山荣去到一家茅台镇排名靠前的酒厂。"二代"管事的跟我发牢骚："董事长（一代）找的工队，进度慢得很。如果是我找的，早被他喊滚蛋了。所以这次，他不开腔……""二代"尽心竭力，"一代"求全责备。至少，这也是磨合。

中国酒圈，具体到茅台镇，需要形成一个很好的接班传承的氛围。从某种意义上说，社会应该给"二代"更多的宽容和掌声。这一点，行业协会想到了，所以搞了这么一次"传承人宣誓"。

但是，你想到了没有呢？**行业、社会想到了没有呢？**这恐怕是一个问题。

哪些"富二代"总"坑爹"，哪些"酒二代"总"坑酒"

春天充满了希望，也充满了可能性。

白酒的春天，来了吗？今天，山荣想从另一个视角，来审视白酒行业的春天，以及未来。

001 "父亲的脸面"就是通行证

"1979 年那是一个春天，有一位老人在中国的南海边，画了一个圈……"相比祖国东南，西南的春天还是要来得晚那么一点点。1984 年，仁怀才掀起了改革开放后第一轮"酒疯"。当年，仁怀县、区、乡、村，级级办酒厂，全县大小酒厂达 187 家——这就是酱香酒产业所谓的"酒一代"。

2012 年，当温州的企业在担忧"接班人"的时候，我们的"酒一代"还活跃在舞台上。可问题是，几年过去了，"酒二代"们的状况究竟怎样呢？

"酒二代"的故事，虽然跌宕起伏，但是，核心的也许一句话就讲清楚"'父亲的脸面'就是通行证"。所以，"二代们"有的已经接班，在家族企业里独当一面，是副董事长、是总经理；有的正在接班的路上，在某国企锻炼，在读工商管理硕士，在美国进修……

"酒二代"的父辈们，至少在县域这个层面，已经为"酒二代"积累了充足的资金、人脉、实业资源。可以预见，在父亲的庇佑下，"酒二代"们开始行走于酒圈，建立了自己的领地；有的利用父亲的资金，呼风唤雨；有的依托父亲的人脉，成了令人生畏的"少东家"；有的坐享实业，豪车、别墅、美人应有尽有。

002　儿子是父亲的墓志铭

父亲们，酒一代们，你，你们，已经基本完成了自己的历史使命！

接下来，是"酒二代"的时代，更是他们的地盘——"我的地盘，我做主"。这个，可能已经由不得你们了！那么"酒二代"在依靠父亲顺利上位、顺理成章进阶后，自然就是"长江后浪推前浪，把前浪拍在沙滩上"了。

不要说山荣危言耸听，且不说他们花钱比较在行，就是管理企业，多数"酒二代"也马马虎虎。这个，就不例举具体的事情了。不要说那些不争气的"酒二代"了，就是有些"争气"的酒二代，由于他们眼界大开、野心大爆，要么水土不服，要么不想陪你玩了。

"坑爹"就算了，关键是，他们居然还"坑酒"。**有的对这个"铲糟子"的活瞧不上眼，有的"12987"都还没搞明白，就试图对企业进行流程再造，有的"累死你活该，我的生活我个人管"。**

可见，酒二代的堕落，不仅是"败家"的问题。

003　"酒二代"就是酱香酒产业的未来

于情于理，于公于私，"酒二代"就是酱香酒产业的未来。

但是，要指望"酒二代"个个超越"创一代"，不切实际。英明如刘备，尽管诸葛亮辅佐幼主，还是避免不了"此处乐，不思蜀"的阿斗命运。

除了"败家子"以外，稍微值得父亲们宽慰的是现在不愿接班的二代们，其实只是因为经济基础、思想观念变化后，有了更多的选择而已。"富不过三代"这个死结，到21世纪的今天，还是没解开。

山荣知道，父亲们不甘心。那我告诉你，世界上著名的管理咨询公司麦肯锡，在其报告中指出，全球家族企业的平均寿命只有 24 年，其中只有约 30％的家族企业可以传到第二代，能够传至第三代的家族企业数量不足总量的 13％，只有 5％的家族企业在三代以后还能够继续为股东创造价值。

由此推论，家族企业没能传承下去是正常现象。

企业管理界专家对财富传承给出的对策是设立基金会、搞家族信托、聘请外部"空降兵"等，这些已经逐渐为中国家族企业接受。作为"贫一代"，山荣也给不出什么具体的有用的建议；作为文化人、酱酒愚公，林则徐说过，**"子孙若如我，留钱做什么？子孙不如我，留钱做什么?"** 看来，父辈留给后代的，至少不能只是财富。

"事件营销"的内核，你可知道

2018 年 8 月，中国白酒发生了一件震动江湖的大事："国酒茅台"出台文件称，8 月 6 日至 8 日期间，举办"夏季优惠 100 元，消费者满意 100 分"为主题的钜惠活动。

这消息一出，一向"平稳"的茅台酒市，不安静了；一向无酒可售的专卖店，终于开门了；一向耐不住寂寞的黄牛，倾巢出动了。活动现场人山人海，红旗招展，锣鼓喧天，鞭炮齐鸣，那场面是相当地壮观……据媒体报道，数百人争相抢购，场面一度失控，现场民警不得不鸣枪示警。

当天，中国酒圈也都刷屏了。朋友圈里，埋怨指责者有之，说风凉话者有之，借势鼓吹酱酒者有之。嫉妒的，羡慕的，旁观的，都不得不赞一句"茅台就是牛"！

只有这种想法的，也难怪你的酒卖不出去；也难怪，人们总说贵州人"会烤酒不会卖酒"。

逻辑很简单，以茅台现在的江湖地位还需要尔等来赞一句"牛"么。

作为卖酒人，你可以看别人的热闹，但要时刻操自己的心，而不是被别人牵着鼻子走，发自己的牢骚。

这种事情，有茅台品牌力的主导，更有歪打正着的偶然。但是，作为商人，向来只问效果。

如果从结果导向来思考，那么，茅台这次降价活动足以入选中国白酒2018年度事件营销NO1。因为，这就是"事件营销"的生动实践。

事件营销＝讲故事吗？

错！会讲故事的品牌多了去了。你想赚我的钱，天天给我讲故事。毫不夸张地说，人们对品牌的故事，已经开始免疫了。

事件营销的实质，绝对不是策划事件，也不是传播事件。如果这样，事件营销就太简单了。村口李二娃办酒席了，女儿考上大学了，那全都是"事件"了。

划重点：**事件营销，关键在于制造"事故"。**

没有剧情的神转折，哪来的故事？事故可控，达到预期，才是营销。

所以说，事件营销，可遇而不可求。

歪打正着也好，杀猪杀屁股也罢，总之，无论如何，"效果"已收割。

在这次事件中，茅台还用了一个营销手段，那就是"饥饿营销"。

饥饿营销＝限量供应吗？

不！饥饿营销不是制造饥饿，饥饿本身没办法制造。某种意义上说，饥饿营销的关键在于制造争夺。

对茅台这次活动而言，事态，得到了有效控制；事件，得到了有效传播。还想怎样？

为此，山荣认为：这是本年度饥饿营销最成功的案例。

一枪之下，刷屏事小，市场格局，自此奠定矣！

可以预见，自此茅台镇酱香酒亦将获益。

把酒品牌做得一塌糊涂，不是你的错，做品牌才是你的错

营销界一直流传着一句话，"三流的企业做产品，二流的企业做品牌，一流的企业做标准"。能做标准的企业凤毛麟角，绝大多数的企业终极目标就是做品牌，那为什么你就做不了品牌呢？

001 想学海底捞？可你不是董事长呀

2017 年 8 月 25 日，《法制晚报》卧底两家北京海底捞后厨近 4 个月，公布了部分照片：老鼠在后厨地上乱窜、打扫卫生的簸箕和餐具同池混洗、用顾客使用的火锅漏勺掏下水道等。

当天下午，海底捞就作出反应，称"问题属实、十分愧疚"。当天傍晚，海底捞再次发声，公布了详细的 7 条整改计划以及责任人名单，整改包括可视化、与第三方虫害治理公司合作等内容。

最出乎意料的是，海底捞管理层还特地安抚员工，称"该类事件的发生，更多的是公司深层次的管理问题，主要责任由公司董事会承担"。

海底捞的公关，是老板张勇亲自出马。而且，张勇的"温情"牌打得非常娴熟。此后，网络舆情 180 度转弯。《海底捞的危机公关，你也学不来》《海底捞"哭"了，但员工不"哭"！》《这锅我背，这错我改，员工我养，这

次海底捞危机公关 100 分！》……多篇阅读量"10 万＋"的公众号文章占据舆论热门。

虽然品牌是跟员工有关，但老板才是品牌第一责任人。**品牌是战略，战略是老板的事**。但是，如果你遇到一个"死鸭子嘴壳硬"的老板，你又能怎样？

不光是员工，一定层级乃至总经理，有时候也是做不了主的。比如，你觉得茅台该怎样怎样，你不想想，几百亿在那儿，是你想怎样就怎样的吗？

每个人的认知，**本质上讲都是盲人摸象**。有人摸到了象腿，有人摸到了象肚子，但是，有人摸到象肚子就以为他摸到了全部。

你的层级能够掌握的信息，与董事长、总经理能够掌握的信息注定不对称，那么，你怎么能够确认你的那些主意，真的就那么正确、那么好使呢？

这是品牌的非技术因素。

002　你明明就是根豆芽，却想要做成"满汉全席"

有这样一个现象：在茅台镇做酒人中间，其实真正对浓香、清香等品类，对四川、山东等产区特别了解的人，不多。他们家的房间里，甚至找不到一瓶非酱香的白酒。端着一个行业的饭碗，你真的不需要了解一下外界，研究一下竞品吗？

答案显然是否定的。

你都没有关注过那些真正厉害的品牌，你怎么知道什么是"好"的呢？

我们在谈品牌、谈营销的时候，往往忘记了品牌、营销所附着的物质载体——产品。**而产品的"力"，才是一切的王道**。比如，如日中天的茅台酒，就是这样。现在的它，因为产品力超级强，形成了超级品牌力，进而就有了"凌驾"于市场之上的可能。

所以，品牌做不好，不要怪自己，也许是你的"附着"的物不好，怎么做也可能是白干。比如，"国台酒"是近亲结婚，品牌基因谈不上有多好，但人家好歹卖了十几亿。而你，分明就是豆芽，你却想着做一桌满汉全席，那就是你的错了。

111

在茅台镇，不敢说80％的产品不及格；但绝对有理由说，80％的产品不优秀。

所以，品牌不是救世主。品牌再有生命力，也拯救不了你的懒惰！

酒林之战，站位很重要

2017 年 12 月 17 日，国台酒业与唐国强在北京正式签约，唐国强将倾情代言国台酒业。与此同时，国台酒业宣布国台酒入选 2018 年 "CCTV 国家品牌计划"，由唐国强演绎的国台广告片也将于 2018 年 1 月登陆央视 CCTV—1 黄金时段。

"挖掘技术哪家强，中国山东找蓝翔"。

"蓝翔体"广告风靡一时，从传播、营销上讲确实是成功的。但我敢肯定，国台是不会采用这个水准的品牌诉求。关于此次合作，业内人士其实都很迷惑，国台是怎么想的？

首先，各品牌选择代言人都是基于两点考量，一是代言人的形象与品牌气质的契合度，二是代言人的知名度，也就是 "流量"。唐国强，作为老一辈表演艺术家，形象没问题，知名度也有，可是 "流量" 差。

其次，"蓝翔" 广告实在是太洗脑，只要一看到老唐人们脑子里不自觉地就会浮现 "挖掘技术哪家强"，很难接受他另外一个样子。

当然，这些并不能构成国台放弃老唐的理由。相反，"国台"，山荣挺你！

山荣为什么挺国台与老唐，先按下不表，我们先说说酱香酒们的价格战。

茅台基本上是行业价格的天花板，到了年底它再怎么 "疯狂"，也跟咱们关系不大。有关系的是，从"干架"着眼的话，与其放眼全国盯住"茅五洋"（茅台、五粮液、洋河），人家压根不知道你这只蚂蚁上了大象身。还不如调低预期，将注意力放在"村里头"，将火力集中到"村里头"。在村里把拳头练硬了，功夫练扎实了，再到外面的世界闯一闯。

这个村，显然就是酱香。在酱香酒这个圈子里，永远都不缺"雷声大雨点小"的企业，一开始来势汹汹，恨不得一举战群雄的，几战之后偃旗息鼓，拖着旗子掉头跑的企业也不在少数。

遵义那个姓"珍"的（珍酒），它和它老板，都是知道"村里头"厉害的。

所以，老吴（吴向东）把兵力都放在了"一坛好酒"上，暂时还没有对这个人到中年、伤过元气的"酱香镖师"出招。

北京皇城里的钓鱼台国宾酒业，论背景、论血统、统实力，都有在"村里头"排第二的资历，但是，人家在韬光养晦，在修炼内功。

国台——曾经自命"酱香新领袖"的年轻人，在村里待够了，就拉上老唐，傍着央视，打算离开"村里头"出去闯荡闯荡。

它的出发路线很清晰，**不是从茅台镇走到中枢（仁怀市所在地），而是要从茅台镇直接去北京**。之前，就是因为听信了老辈人所谓的"经验"，在遵义、贵阳、长沙、武汉等地搞，结果险些"接收"了城市，丢了"市场"。

外行看热闹，内行看门道。

如果说酱香在江湖有十把交椅，那么，前五席不管你愿不愿意，人家已经坐了上去。"一个萝卜一个坑"，**要么拔了萝卜，要么毁了坑**。

这么多年来，有一个残酷的真相是：国台这个当年的"新领袖"，其实是自封的。经过近10余年的历练，仍有些有名无实。那再过5年呢？恐怕就不一定了。

在江湖里，三十六天罡没有他的交椅。在村里头，酱香"实力派"这个名头，倒是坐实了的。这些年在村里头，人模人样，风光无限好几年了，拉开了和小弟们的差距。

正在兄弟们奋起直追，觊觎村里头"前五席"的时候，国台反应迅速，立即调转码头，挺进"前三强"了。此举占据了"天时、地利、人和"的优势。

天时——大哥坐着火箭"飞天"了，河对门郎哥"发飙"了，隔壁"金少侠"不疯已"痴"了，门口珍家、皇城那家，都还"闭着关"呢；地利——兄弟我扎根"村里头"20 年，已练就一身本领，实战经验也丰富；人和嘛——老板说了……

有人说，选择比努力重要。

山荣说，站位很重要。

所以，国台，此举你干得漂亮。

所以，国台，山荣挺你！

你的酒"包装"，怎么成了消费者眼中的酒"包裹"

对茅台不老酒的表现，我有点失望。

这个说法，并不完全是"老子当年牛过"的原因。

当年的不老酒，关键词是"喝吧"。于是，就有了 400ml、600ml、800ml、1100ml、1200ml，等等这些今天看来诡异的规格。狂放的规格，狂放的打法，让不老酒"祖上曾经阔过"。

后来的不老酒，关键词是"问题"。因此，**问心、问道，问天、问地……最后都只成了"问题"**。不老酒的黄金期过去了。接下来的关键词，是"青春"。因而就有了"青春系"新品。新品推介会的主题是"蜕变焕青春"。

2018 年 6 月 9 日，和一个搞包装设计的朋友聊起不老酒，说到了这次新品推介会。

我没问他，但他可能听出了我的意思，躲闪中承认："**'青春系'是我们公司做的，但是我们自己都不愿承认。**"

在不老酒这样的甲方面前，他的苦衷，情有可原。但作为独立酒评人，我却如鲠在喉，不吐不快。

科普一下：如果我没有记错，1993 年茅台不老酒横空出世，便在中国酒林刮起了一阵"不老风"。1998 年注册"茅台不老"商标——至今已经 20 岁了。20 岁的酒企相当于 60 岁的老头子。

不老酒与"青春系",可不就像一个 60 岁的老人家陪孙女跳"小苹果"——"辣眼睛";冲进迪厅高喊"我的青春我做主",送他两字——**装嫩**。

当然,这都不是重点。重点是:仅仅从包装或者说包装创意而言,你的酒"包装"究竟是怎么被弄成了酒"包裹"的?

一字之差,天壤之别。"装",三岁小孩都知道,就是修饰、打扮、化装,比如装饰;或者演员化装时穿戴涂抹的东西,比如卸装。而"裹"呢?就是用纸、用布或其他片状物缠绕、包扎,比如快递包裹。

不老酒想"装"的是"青春"。那就彻头彻尾地"装"到底,青春、时尚、靓丽装扮起来,这"不老不少"的算怎么回事呢。

不老酒还想"裹"住"青春",但是很显然:中产精英觉得你装嫩,青年才俊觉得你装蒜。**酒包装设计陷阱之一:想当然地自说自话。**

梁宁(被称为"产品经理女神")说过,产品和市场从来没有"应该"。

现在都流行"新中产""消费升级"了。现在没人会提"万元户"了。当年的万元户,西装＋领带＋大分头＋大哥大;今天的万元户,唐装＋手串＋保温杯＋普洱茶。

时代改变了。落脚到包装创意上,很多老板还是停留在"老思想"上。

酒包装设计陷阱之一:试图把所有自认为好的东西都叠加到一个商品上去。但问题是,你有好东西,与我有什么关系呀,你又不会送给我。

酒包装设计陷阱之二:不断地做加法,却忘了舍。是的,产品就是你亲儿子,你把一切精力、一切经验乃至一切资源,都倾注在它身上。但是,这些东西我用不上呀。

"互联网＋"流行什么?"小而美"。你是不是被这句话迷惑了呢?

对酒包装创意而言,作为嗜好品,美不美、好不好看有那么重要吗?你是不是觉得椰树牌椰汁爆丑,但那又怎样呢,你不照样掏钱买了么。

关键还在于,"小"的其实不是产品,而是"精致"。所以,要美容易,每一个职业设计师都有一套创造美的方法。要"小",才难。不信?你做个

"小罐茶"给我瞧瞧。

酒包装设计陷阱之三：不要追求"小而美"。但是山荣要说，对 99％的酒厂和酒品牌而言，"小而美"绝对是死路一条。

解释一下：对大多数非一线酒产品来说，"大而美"才是正确选择。这个"美"，不是好看，而是价值感，就是要让掏钱的人觉得这货值这钱。这个"大"，就是要给人以规模感，让消费者"感觉"是大厂生产的，是好像见过的、有点熟悉的。

茅台镇酱香酒那些"有口无碑"的品牌和人们

自 2016 年起，遵义市酒业协会、仁怀市酒业协会每年都会主办世界十大烈酒——遵义产区"红高粱奖"，并就"口碑品牌奖"、"诚信经营奖"进行网络投票。诚信的事，虽然不好干，但好说。口碑的事，不好说，当然也不好干。所以，酒业协会把这两个奖项拿上网投票，至少是对消费者的尊重，也是一种互动和参与。

但是，山荣今天想说：茅台镇酱香酒，那些"有口无碑"的品牌和人们。

001 偷梁换柱之徒

前几天，朋友发给外省客户的酒，对方收到货后发现：居然额外多了几件某某品牌的"赠品"。"赠品"内附画册、名片。醉翁之意，不言自明。

山荣打心底佩服某某品牌这种无孔不入的手段，毕竟要干成这事，除了与物流方狼狈为奸外，还是要点勇气、要下些功夫的。

更有甚者：有人居然直接把自己的酒，堂而皇之寄给了"别人的客户"。事情穿帮后，物流站出来"背锅"说"寄错了"。

同在酒圈混，相煎何太急？

这样的"品牌"，无论他的牛吹得有多大，山荣也坚决不会认为他有什么口碑。

002 "以次充好"欺骗消费者

在朋友圈中，山荣揭秘了很多行业内幕，有人指责说，你把我们的"底"都爆出去了，这生意还咋做？也有人兴师问罪：你懂酒吗？你是不是要陷行业于万劫不复？等等。看到这些话，山荣真的感到很难受。

如今，低价劣质酒仍然大行其道。串香酒成了过街老鼠，人人喊打，但大家都在干。山荣并不反对这么干，而是希望能够名正言顺地干。要知道：**低价并无问题，劣质才是问题；串香也无问题，欺骗才是问题。**

科涅克（即干邑）的白兰地，按生产方法的不同，也可分为葡萄原汁白兰地（类比酱香浑籽）、葡萄皮渣白兰地（类比酱香碎沙）和葡萄酒泥白兰地（类比串香酒）的分别。不是人人都能买得起昂贵的高端酒，你可以满足不同消费者的需求，但你不能"以次充好"欺骗他。

003 如何做到"有口有碑"

品牌的品字，是由三张口组成的，所以需要用三个口传播出去。第一张口，是自己的这张口，其实就是自己的产品，首先要自己说他好。比如，山荣以"酱酒愚公"自命，自吹自擂。问题在于，茅台镇有多少人敢于"我为自己代言"呢？

第二张口，别人说你好。比如茅台酒不仅人人都说好，关键是很多人还会自觉地把这种"好"传播出去。具体到你的身上，你的产品究竟好在哪儿呢？这个，很多人就回答不上来了。

第三张口，权威部门说你好。通过第一、第二张口的传播，加上自己产品本身的品质，有时候还要找权威部门进行鉴定、出证明，拿证书来证明自己。不要觉得这种方式老套，现在的新花样不过是换了身外衣而已。所以，我们有理由、有信心说："口碑品牌奖"的获奖产品，"再差都有七成真"。

酱香大势之下，你将如何存在

001　这是一个于酱香酒最好的时代

关注中国白酒发展的人基本相信，酱香酒迎来了发展的春天。理由如下：

白酒行业复苏带来产量增长。2013～2016 年我国白酒产量为 1300 万千升左右，2017 年我国白酒产量达 1380.9 万千升，累计增长约 2.1％。

茅台等酱香老大带动利润增加。2017 年，茅台营业额预估在 600 亿元以上，同比增长 50％左右，利润总额预计增长 58％。以茅台为龙头，以习酒和茅台酱香系列酒为代表，乃至金沙回沙酒、珍酒、国台等酱香型品牌，都取得了不俗的成绩。

消费升级带来的酱香选择。在消费升级的带动下，高端酒再次成为消费者的首选，特别是以茅台为代表的高端酱香型白酒。越来越多的人更喜欢品味酱香酒、收藏酱香酒。

健康饮酒带来的酱香认同。近年来，健康饮酒的观念深入消费者内心，酱香酒由于其独特的酿造工艺和丰富的元素含量，其健康价值逐渐得到认同。

002　这是一个于茅台镇"最坏"的时代

虽然酱香逐渐成为白酒大势，但于茅台镇而言，于酒都仁怀从事酱香酒行业的人而言，其实即将迎来诸多挑战。

"接棒期"的危机。随着时代的变迁发展，商业模式也会随之发生变化，诸多好的商业模式的崭露头角，必将意味着一些过时的商业模式逐渐消亡。从散酒为王到品牌觉醒，从投资建厂到标准化打造，从"借网出山"到个性定制……**前浪稍不注意就会被咄咄逼人的后浪拍在沙滩上。**而当下，后浪的势头正高，频率更繁。

"神秘茅台"的祛除。伴随着高速直达、机场通航、高铁开通和各类信息更加便捷地获得，来一趟原本地处西南偏僻地方的茅台镇"很方便了"，原本附带很多神秘色彩的茅台镇会越来越透明。如此，**茅台镇这块全世界不可复制的黄金资源，会引来更多创业者、投资者、投机者。**那，留给茅台本地人的机会还有多少呢？

"想传不能传"的尴尬。酱香酒讲究传承，需要传承，但因其工艺复杂，过程艰辛，不是轻轻松松就可以传承下去的。"酱一代"辛辛苦苦打拼出来的领地，一些"酒二代"表示毫无兴趣或者有心无力，**而职业经理人这种角色，又不能完全被所有"酱一代"真心接纳。**酱香的大好基业何处安放？

003 这是一个做酒人都明白的时代

酱香酒的优势在哪里？这对从事酱香酒行业的人而言，算不上一个问题，"稀缺性"、"优质性"、"健康性"等张口就来。

1. **稀缺性**，酱香酒不是你想生产就生产的，全世界就只有茅台镇能生产出正宗的酱香酒。其他地方，不管如何模仿借鉴，也就能生产出珍酒、梅岭酒、武陵酒、龙滨酒……茅台镇不是都市（宜宾）、不是地区（波尔多），它只是中国西南的一个小镇，只是一条狭长的河谷，只有 15.03 平方千米的法定原产地，225 平方千米的核心产区。

2. **优质性**，酱香酒不卖新酒，所有产品从生产到出售需要经过至少三年的时间；酱香酒不能一次酿成，需要经过 9 次反复精酿才能得；酱香酒也需要勾兑，但跟"酒精＋水"没有半点关系，而是以酒勾酒；酱香酒是纯粮食酿造，不添加半点香精色素。

3. **健康性**，酱香酒经高温蒸馏和三年以上陈酿后，容易挥发的小分子物质已经通过化合反应生成大分子物质；酱香酒蒸馏时的接酒温度高达 40℃以上，能最大限度地排除如醛类及硫化物等有害物质。酱香酒含有大量的酸类物质，以乙酸、乳酸和不饱脂肪酸为主，有利于人体健康。酱香酒的天然酚类物质多，能预防心血管疾病。

004　这是一个所有做酒人都困惑的时代

酱香酒很稀缺、品质优、很健康，**这是每一个卖酒人都想让消费者相信的话，但这又是所有消费者都不愿意、也没有耐性听的话。**

所以，你得把这些概念操作化、具体化、形象化才行。

怎么表现酱香酒稀缺？

价格高出其他品类的酒好几倍——证明酱香酒不是你随随便便就能买来喝的。

从瓶型到商标到标识尽量与茅台"接轨"（茅台内供、茅台接待、茅台纪念）——茅台是不可多得的好东西，我这产品跟茅台有几分相像，固然也不可多得。

怎么表现酱香酒的优质性？

酒是陈的香，酱香酒不卖新酒——用洞藏证明我这酒真的是藏过的，用发毛证明我这酒有满满的时间痕迹，用淡黄淡黄的颜色证明我这酒是陈年老酒。

酱香酒是纯粮酒，酒质绝对过硬——不信我给你拉个酒线看看，你看怎么样，快一米了都没断；要不我给你看看酒花，怎么样，你去试一下别的酒，要是有我酒这样的酒花，我……

怎么表现酱香酒的健康性？

酱香酒是纯粮酒，不添加任何色素香精，绝对健康——通过实验来验证，燃烧酱香酒，火焰的颜色黄色占了好大一部分，证明这是有机物在燃烧。

以上这些招数都是想方设法让消费者相信酱香酒稀缺、质优、健康，不过遗憾在于，**除了侵权、违法的做法不可取，其他那些做法，真有那么不堪**

吗？**厂商困惑，消费者其实更困惑啊！**

如何将酱香酒的稀缺、质优、健康等特性通过一个 logo、一则广告、一个故事等方式持续性地、科学性地、系统性地具体化、形象化、固化到消费者心中，这是发展酱香事业的关键所在。

但，这谈何容易。**酱香大势说来就来，酱香红利说没就没。**

好创意好广告是这样被酒老板们打"烂"的

2018 年 8 月初，贵州茅台镇彩虹桥头、水舞秀的幕墙上出现了这样一句广告词：

"酱香酒核心产区的原点距此 200 米"。

这句话，明确标识了自己产区位置的独特优势，主动融入了茅台镇地标——水舞秀。打出这句广告词的黔台老酒坊，老板眼光真的独到，"板眼"可谓高明。

然而，作为户外广告词，这句话的语义过于理性，有点儿拗口，路人"瞄一眼"记不住，不利于传播。老板试图精准表达，把事情说清楚。但是，**路人又不是小学生，不需要认真听讲的**，精准是没用的。

"注意：酱酒核心产区原点距此 200 米！" 这是我的版本。你觉得怎样？欢迎文末留言探讨。

上星期，我在朋友圈里发了上面这段话。

我们来看看都有哪些回复：

"它自己就在核心产区内，谁不知道，还乱打广告。"

拜托，**你觉得打广告要用陈述句吗？**那是作报告，不是打广告。打广告，就该用祈使句。何况，它说自己在核心产区有什么用，要别人都这么说。请注意：这个广告，就是在"案发现场"。

"距茅酒之源 200 米"，"距茅台酒 200 米"，"距茅台酒厂董事长办公室

250 米"，"隔壁打出距离 150、100 米、90 米……"

看来都是圈内人，每个看到这句话的人，都催生出若干想法来。那么，难道你不觉得这是一个好"话题"吗？只有话题，才能更好传播。

"可以理解为：我距离核心产区 200 米远——在核心产区外"。

对了，要的就是这个效果。**因为是在现场，你怎么想都不重要，被你记住就够了。**

"有多少人知道什么叫核心产区？想好自己企业的定位吧！""原点坐标在哪？谁确定的原点？"

不好意思，广告主要的是被你记住，而不是要你思考。划重点：好广告，就是制造话题。**好广告，就是要构建"场景"。在现场，只需要把左邻右舍干掉，这就是王道。**

我们正处在一个信息碎片化的时代。

人们对一个品牌的印象是来源于一些"记忆碎片"的堆积。比如你对可口可乐的印象，就是几十年来无数的记忆碎片堆积起来。

黔台老酒坊，位于茅台镇彩虹桥头。你可能不知道：茅台酒厂一车间附近 500 米，这个地域范围内确实已经没有生产型的中小酒厂。

茅台镇夜景"水舞秀"的背影，就在这家酒厂的外墙上。那句讨嫌的广告词，就在你观看水舞秀目光的尽头。

假设你身临其境，你对这家号称"茅台镇核心区唯一的纯手工、原生态酱香酒坊。唯一的茅台河亲水酒坊和酒旅一体化平台"，可能熟视无睹。

但有了那句讨嫌的、挑逗你的广告词，已然将你对现场记忆碎片中最小的一片，打造成一个"符号"。并且，每个人记得的都是同一片：核心产区；一记就牢，不容易忘记：水舞秀幕墙，你想躲都躲不掉；装载了品牌的身份及价值，零损耗传播：只此有家，别无分号。

"注意：酱酒核心产区原点距此 200 米！"注意，是提示你"注意"；"酱酒核心产区"，是表明我在这里、我在现场！200 米……你懂的，不解释！

可以说，这句话就是一个黔台老酒坊的"最小记忆包"。当你身临其境，提高了记忆和传播的效率及准确性；老板借势"核心"和"水舞秀"，极大地降低了记忆和传播的成本。

　　如果你还是不理解，那好，你可以就"脑白金"问问身边的朋友：

"想到脑白金你想到什么?"

　　所有人都会回答："收礼还收脑白金。"这就是脑白金的成功之道。

Chapter

05

说酒·产品

历史总是惊人地相似。消费升级到了 4.0 阶段，而我们的产品还处于 1.0 版本——周鸿祎眼中的好车，与周山荣眼中的好车，恐怕不一样。对我而言，十来万能代步，从老家的山村到县城能一路飞奔的车，就可以了。对周鸿祎来说呢？恐怕不能这么看待。

同样的道理，如同官员品得出真假茅台酒一样，对那些喝大众酒的小老百姓来说，也品得出大众酒的好坏。哪怕每吨酒精，你只便宜了 300 块钱。

我是"酱酒",我怕谁

最近,有人为酱香型白酒究竟该叫"酱香酒"还是"酱酒",打起了口水官司。

山荣以为,这是缺乏品牌自信、发展自信、市场自信、质量自信的表现;山荣要说,我是"酱酒",我怕谁!

001 叫你一声"浓酒",你敢应吗

市面上的白酒,根据香气香味成分的不同,分为 12 种香型:浓香、清香、酱香、兼香、米香、凤香、芝麻香、豉香、特香、药香、老白干香、馥郁香。此外,还有某些酒厂自立门户地提出"井香"、"陶香"等概念性香型。

山荣注意到,浓香型就是浓香型,从来不叫"浓酒"(这么叫你敢喝吗),清香型就是清香型,从来不叫"清酒"。这是约定俗成的、社会公认的成例。个中原因,可能与语言习惯、香型特征有关。某些香型一旦简称,或是拗口,比如"浓酒";或是指向不明,比如"药酒";或是易生歧意,比如"清酒"……

但是,有且只有一个例外,那就是酱香型——大约 2012 年以来,似乎是在不经意间,酱香型已经公众简称、社会公认、广泛传播为"酱酒"了。**酱酒、酱酒,顺口、厚重,明确、有劲!**

有人说，米香型也被简称为"米酒"。如此其实有些牵强，"三花米酒"也好，"石湾米酒"也罢，毕竟此"米酒"非彼"米酒"。这么说，大概只是顺口罢了。

002 "酱酒"之争，是一场消费者认知战争

自从"香型"这一概念诞生之日起，中国白酒行业围绕香型所展开的"战争"就从未停止。

在2017年第七届全国清香类型白酒高峰论坛中，山西汾酒、红星二锅头、牛栏山二锅头、互助青稞、衡水老白干等大佬们一阵谋划后，达成了"弱化香型、强化口感，由酒厂质量向消费者质量转变"这一"共识"。

口感的事情，在山荣看来，"萝卜白菜，各有所爱"。否则，中国八大菜系，你家、我家的厨房都要乱套了。"弱化香型"这样的提法，对清香阵营无异于舍本逐末，自废武功。对酱香品类而言，却是司马昭之心，路人皆知的了。

众所周知，酱香型白酒无论是在文化底蕴、历史影响还是工艺、口感乃至健康等方面的优势，与其他香型白酒相比都有过之而无不及。从这个意义上讲，"酱酒"从香型概念升华为了品类概念，有着巨大的文化底蕴和商业价值。

那些在酱香型称谓问题上摇摆不定、跟风闹事的人，实际上是一种"香型不自信"和"乱了阵脚"的表现。你，是不是正中了人家下怀呢？

003 以茅台镇的名义，为酱香酒正名

一个残酷的事实是：对大多数消费者而言，我不管你浓香、清香、酱香，我只管这白酒好不好喝。可以说，**分得清楚香型的都是白酒的死忠粉。**

那么，你平时怎么称呼酱香型白酒呢？要知道，这5个字连在一起念出来，毕竟有点拗口、有点长。

有人说"酱香型白酒"，比如那些搞研究的教授们、专家们；有人说"酱香酒"，比如那些鼓吹产区、产业的官员们；有人说"酱酒"，比如茅台镇那些卖酒的老板们、经理们。

但是，有人觉得"酱酒"是个伪概念。伪不伪山荣不管，市场上那么多"××酱酒"，就是对个概念的最好回应。甚至可以说，**只有酱香型白酒，才真正从香型概念升华为了品类概念。这是酱香酒之幸，更是茅台镇之幸。**

为此，山荣提议：行不更名，坐不改姓。从今往后，**请叫我"茅台镇酱酒"！**

瞧不起窜酒？你也无话可说

在很多酒都仁怀人眼中，对非传统工艺的窜酒——以食用酒精为原料，串蒸大曲酱香工艺的丢糟，采用固液蒸馏方法生产出具有酱香味的液态法白酒，总是嗤之以鼻。长期以来，官方与民间，厂家与商家，都在这个问题上纷争不断。毫不夸张地说，窜酒，已成为了仁怀酱香酒产业的一块心病。

001 窜酒：诞生 57 年，争论 33 年

你或许还不知道，串香工艺诞生至 2017 年已经 57 年了。

《中国贵州茅台酒厂有限责任公司志》（茅台的官方志书）记载："1960年，茅台酒厂科研人员就开始进行茅台酒丢糟作为再生产一次白酒的试验，并取得一定成功。后来，随着市场经济的发展，茅台地区的小酒厂如雨后春笋般发展起来，各小酒厂也争先恐后将茅台酒的丢弃糟用作烤碎沙酒和串香的原料……"

串香酒的争论，已持续 33 年了。

1984 年，仁怀第一轮"酒疯"暴发。当年年底，仁怀 60％的酒厂处于停产或半停产状态，但是，怀茅酒厂丁洪轩因为经销窜酒，生意却芝麻开花节节高。于是，"丁洪轩以假充真卖假酒"一度成为仁怀酒圈的公共话题。

30 多年过去了，串香酒与翻沙酒、碎沙酒和浑沙酒的争论，仍未了结。

2011年发布实施的酱香型白酒国家标准，未将串香工艺纳入其中。如今，仁怀一些人将串香工艺视为洪水猛兽，一些人对其嗤之以鼻。官方虽未明言，暗中却有否认、打压之意；民间舆论，也倾向于仁怀作为酱香酒原产地、主产区，就不该生产、销售串香酒，坏了茅台镇的名声。**但行业内从大哥到小弟，却没有几个敢说自己没做过窜酒。**

002　串香：口感普及，市场机会

不得不说，酱香酒对许多人是有口感障碍的。

相比1358.36万千升的全国白酒总产量，2016年仁怀酱香酒10多万千升的产量，仍是一个极其小众的品类。更关键的问题还在于，酱香酒是个重口味产品，酱香突出就算了，还要回味悠长；回味悠长就算了，还要空杯留香持久。对初次接触传统酱香酒的人来说，要在味觉上迈过这道坎，难免是有点心理障碍的。

你可能要说，那茅台酒凭啥呢？如果茅台连这点品牌号召力都没有，还敢称"国酒"？即便有人喝不惯茅台酒，就像山荣喝不懂拉菲一样，也不好意思说那就是马尿。

不要试图要求消费者，而应顺应和培育消费者。

2017年3月22日，中国第十三种香型白酒——"沉香"型白酒在成都发布。说真的，很多人分得清白酒、啤酒，有多少人分得清得清酱香、浓香、清香呢？即便分得出酱香，即便在酒都仁怀，有多少人分得清串香、翻沙、碎沙和浑沙呢？这就好比你花大价钱买来的瓷器，**你真的分得清气窑、煤窑、电窑和柴窑吗？**

当年，雪碧兑红酒的喝法虽不入流，却被国人广泛接受——正是这种喝法，拯救了中国红酒。所以，山荣曾经说过，**当年的"赖茅"完成了酱香酒的品类普及，如今，谁能完成酱香的口味普及，谁就能在这场市场风暴中平稳着陆、脱颖而出进而华丽转身。**

而串香酒，客观上干了这事，承担了这个责任。

003 串香：平民喜好，贵族品类

茅台是酱香鼻祖、酒中贵族，它应该选择坚守，而你却不行。

道理很简单，20 世纪 60 年代，面对可口可乐的"传统"形象，百事可乐不得不选择了把自己描绘成年轻人的饮料。对非茅台酱香酒来说，除了茅台镇核心产区这个地域品牌背书，多数企业其实谈不上品牌，就是个名字而已，那么，消费者凭啥要买你的账呢？

你该知道，目前中国白酒中大众酒——也就是平民白酒的价位，无论发达的长三角、珠三角地区，还是西南、西北地区，大众白酒的价位都在 100元/瓶以下。而传统大曲酱香酒的生产成本，加上税费及合理利润，市场终端价是没办法低于 100 元/瓶的。

茅台酒的主要消费群体定位在全国 1.09 亿中产阶级，那么，其他 12 亿多老百姓喝啥酒呢？他们也想喝到生态、健康的正宗酱香酒，于是，打着茅台镇酱香酒旗号的串香酒，商超货架上、电商平台中，那些 6.9 元/瓶、9.9元/瓶的"茅台镇美酒"，就不可逆转地受到了平民们的喜爱。

显然，串香酒有着扎实的群众基础。

04 山荣：无话可说

1984 年，怀茅酒厂丁洪轩卖窜酒"发了财"，仁怀县物价局、工商局，茅坝区委、区公所多次对怀茅酒厂进行调查，结论是：丁洪轩上报物价局核价的串香酒，每斤 2 元，不存在以假充真的问题。

当年，酿造窜酒的并非怀茅酒厂一家。区别在于，别家的窜酒是以大曲酒申报核价，而丁则是据实报窜酒，质价相当。

历史总是惊人地相似。

问题不在窜酒。窜酒符合国标，窜酒安全卫生可饮用。问题在于，以假充真，以次充好。消费升级到了 4.0 阶段，而我们的产品还处于 1.0 版本——周鸿祎眼中的好车与周山荣眼中的好车，恐怕不一样。对我而言，十来

万能代步，从老家的山村到县城能一路飞奔的车，就可以了。对周鸿祎来说呢？恐怕不能这么看待。

同样的道理，对那些喝大众酒的小老百姓来说，**也品得出大众酒的好坏，哪怕每吨酒精，你只便宜了 300 块钱。**

对今天的窜酒之争，山荣也无话可说。

酱香工艺的传承在于"守破离"

《瞧不起窜酒？你也无话可说！》的本意，不在鼓吹窜酒，而是试图让大家更加理性地对待窜酒，在工艺、标准等方面，不要一味地选择回避。因为，回避就是无能，回避缺乏品质自信，回避让人有更多空子可以钻。

今天，我们想从时下流行的工匠精神，谈谈酱香酒工艺的继承与创新。

001　奇葩：说一套，做一套

仁怀酒圈，有两个奇葩：一个是酒业通讯社（山荣说酒前身），号称"我们是中国白酒业的'思想搬运工'，致力于把靠谱和不靠谱的白酒行业资讯、观点、思想都告诉你……"一个是"白酒品评勾兑调味交流群"，一帮人常常就酱香酒的酿造进行稀奇古怪的讨论。

前两天，群里讨论了"垃圾酱酒"。大家各抒己见，不亦乐乎。有人认为，酱香酒的未来不在技艺；有人提出，厂家应向消费者提供白酒工艺真实性的鉴定报告，要让消费者掌握串香、翻沙、碎沙、浑沙酒的识别技术……

有的事，能说不能做；有的事，能做不能说。比如窜酒，其实很多人都在做，但做的和没做的，都在异口同声地反对着。你可别太当真，不要听他怎么说，而要看他怎么做。

002 怪论：相对传统，他们就是"大逆不道"

让我们简要回顾一下酱香酒工艺的演变史：

1954 年，茅台酒厂提出"沙子磨细点，一年四季都产酒"，因此有了碎沙工艺；1960 年，茅台酒厂进行了用丢糟再生产一次白酒的试验，于是有了翻沙和串香工艺；1965 年，"两期试点"催生了"酱香型白酒"，总结了酱香酒生产操作技术；1978 年，为了解决职工家属和子女就业难，"家属五七厂"利用茅台酒厂丢糟，烤翻沙、串香酒；1984 年，仁怀暴发第一轮"酒疯"，串香工艺大行其道……

李兴发离经叛道，中国白酒有了一个新的品类，叫酱香；季克良不畏权威，酱香酒有了一个属性，叫健康。**相对昨天，今天就是创新！相对传统，他们的所作所为，就是"大逆不道"！**

茅台镇酿酒人以一杯酱香美酒撬开了全国大市场；他们，以大国工匠般的耐力与坚韧，细致打磨着"茅台镇"、打磨着"酱香酒"，书写了人生华章。

003 反省：守不住，如何破，怎么离

关于工匠精神，有所谓"守破离"的说法。跟着师傅修业谓之"守"，场面话叫"继承"。守成到了相当的程度，必须"破"。所谓"破"，就是在传承中加入自己的想法，在突破和完善中超越，也就是"创新"。开创自己新境界谓之"离"，如果"破"属于推陈出新，是横向进步，那么"离"就是颠覆性创新，是纵向进步。

酱香酒工艺的每一次迭代，从来就没有逃出这个规律。问题是，**茅台镇如今的酿酒人，能够把酱香酒酿造工艺讲得清清楚楚的有几个？那些自命专家、大师者，又有几个把大曲、把酱香真正搞明白了？**

守不住，自然就"破"不了。所以，30 多年来，茅台镇没有能够再为行业贡献真正原创性的成果。

守不好，自然就"墨守成规"，认定祖宗不可违，只有浑沙、翻沙、碎沙

才是正宗，便是最简单、最省事的办法。

守不破，也就"离"不成了。没有产区分级、产品分类，也没有标准创新、市场秩序守护，长此下去，窜酒还要流窜下去。最终，我们还将在困境中，三生三世十里酱香。

注意：我的酒厂就在核心产区，我的产品来自核心产区

最近一个月有不下 5 通电话找山荣咨询。

"7.5 平方千米核心产区的 LOGO，我可以印在酒盒子上吗？"

面对这样的问题，一时间我真不知从何"答"起。于是，我写下这段文字，希望对你有所帮助。

在大多数人心中，7.5 平方千米＝酱酒核心产区。

这是又一个乌龙事件。所谓"7.5 平方千米"，其实是 2001 年 3 月 29 日国家质量监督检验检疫总局授权茅台酒的"地理标志产品"保护范围。或者说，7.5 平方千米是"茅台酒产地范围"。

根据国家质量技术监督局公告 2001 年 4 号的规定，茅台酒（贵州茅台酒）产地范围为贵州省仁怀市茅台镇内，南起茅台镇地辖的盐津河出水口的小河电站为界，北止于茅台酒厂一车间的杨柳湾，并以杨柳湾羊叉街路上到茅遵公路段为北界，东以茅遵公路至红砖厂到盐津河南端地段为界，西至赤水河以赤水河为界，约 7.5 平方千米。

但是，7.5 平方千米并不等于核心产区。否则，就没办法解释后来茅台酒产地的调整了——2012 年，贵州省提出申请，再次调整了茅台酒产地范围。

7.5 平方千米范围不变。从该范围往南延伸，地处赤水河峡谷地带，东靠

自洞山、马福溪主峰，西接赤水河，南接太平村以堰塘沟界止，北接盐津河小河口与原范围相接，延伸面积约 7.53 平方千米，总面积共约 15.03 平方千米。

这是茅台酒的 15.03 平方公里原产地，也叫法定产区。

"7.5 平方千米"，你可以"用"吗？

7.5 平方千米，你可以向你的消费者贩卖这个概念，甚至把它印在你的包装盒上。但是，**很显然，你的酒厂不可能在 7.5 平方千米范围内。**

茅台老大哥悦近来远，想必能够对你的这个做法保持宽容。但是，消费者是否宽容，山荣就说不准了。遇上较真的人，或者职业打假人，你能证明你在 7.5 平方千米范围吗？如果不能，你这不是虚假宣传误导吗？

我知道，前提是你不会傻到把"中华人民共和国地理标志保护产品"字样和"PGI"（地理标志保护）也印到包装盒上去，你能做的，不过把"茅台镇 7.5 平方千米"的图案印上去而已。

这虽然是偷梁换柱，但是，管用就好。

那么，"核心产区"你可以用吗？答案是肯定的：可以！

因为截至目前，并没有一部法律或政策性文件，对酱香酒、茅台酒的核心产区作出界定。

茅台酒法定原产地范围，就是国家质量监督检验检疫总局《关于批准调整茅台酒（贵州茅台酒）地理标志产品保护名称和保护范围的公告》（2013 年第 44 号公告）核定的"15.03 平方千米"。

除了茅台酒，茅台镇上还有众多品质优异的酱香酒。**它们与茅台酒同享得天独厚的水源、土壤、气候、环境、气温、湿度、原料和微生物等自然条件（简称水土气气生）。**

这是众所周知的事实，这是约定俗成的理念。如果它们不在核心产区，就没有天理了。

问题是，究竟什么范围算是核心产区呢？

科普一下：白酒产业重心，正在向优势产区集中。这是一个产业走向成熟，向现代化、国际化发展的必然途径。

所以，才会出现那么多人找我咨询"7.5 平方千米"的情况。虽然这是一个复杂的法律问题，但这也是一个行业产区意识的觉醒。我们乐见其成，想必茅台老大哥亦是如此。

在"产区"成为世界烈酒最佳表达方式的今天，仅从产区，消费者就可以对产品进行清晰的辨识，如苏格兰的威士忌、法国的干邑、俄罗斯的伏特加等，产品因产区而特色分明，彼此相得益彰。

因此，同样，白酒产区建设也是白酒产业创新转型发展的重要举措，是促进中国白酒满足人民对美好生活需求的强有力的抓手。

以茅台酒为代表的酱香酒，是原产地域产品。就是说，它必须利用产自特定地域的原材料，依照传统工艺在特定地域生产，质量、特色或声誉在本质上取决于原产地域地理特征。

为此，山荣将酱香酒的产区划分为以下 5 个等级。你可以不喜欢，但你可以看一看（敲黑板，划重点）：

茅台酒原产地 15.03 平方千米，是法定产区；茅台镇适宜酿造酱香酒的地域，是核心产区；仁怀适宜酿造酱香酒的地域，是经典产区；赤水河谷适宜酿造酱香酒的地域，是一级产区；而其他生产酱香酒的地方已经被放到了二级产区里。

有人可能会说，周山荣你是不是搞忘了，其他很多地方也产酱香酒呢。在我看来，他们能产酱香酒又如何？茅台酒原产地不是法定产区，茅台镇不是核心产区，那么拉菲岂不要被挤出波尔多了？

有人说这是在拿地域差异性说事。没有地域差异，就没有产区划分，产区的划分，就是为了彰显地域差异。茅台镇酱香酒，就是比别的很多地方都要好。

请大声告诉世界：**我的酒厂就在"核心产区"，我的产品来自"核心产区"！**

要说"不上头"，酱香酒是老白干的祖宗！来看"牛恩坤们"到底错在哪儿

乡间老人说，"抬头看路，埋头干活。"

茅台镇酱香酒埋头干活，这段时间，都忙着租窖池，酿酒。

衡水老白干抬头看路，这段时间，打出"喝老白干不上头"的广告，引起了行业高度关注。

2018 年 8 月 11 日，山荣路过保定府。猛回头，高速路旁，赫然就是"喝老白干不上头"大幅标语。我以接客户电话的速度，掏出手机，赶紧拍了下来。

"喝老白干不上头！"营销界对这话好像有仇似的，几乎是一边倒的反对声音。

难道像那些大佬们说的那样，"喝老白干不上头"真的一无是处？难道因为这个"定位"，真的会把衡水老白干带到坑里去？

那些大佬们，可能都错了！

过于"务实"的品牌诉求，难以匹配的真实的消费体验，极易让消费者产生失信感，值得商榷。 这是蔡学飞（中国酒业智库专家）不看好"喝老白干不上头"的主要理由。

从老白干的"男人味"到"不上头"，不仅不能帮助老白干品牌升级，还会拉低老白干在消费者心中的印象。这是牛恩坤（亮剑营销咨询公司董事长）

不看好"喝老白干不上头"的主要理由。

问题是，老白干的消费者究竟是谁？

有人把这个"谁"分为三种。一种叫随意型用户，也叫新手用户，大约占20%。他们就是随便喝，不分酒种，不分档次，更不分香型，门槛足够低，就是试试。

一种叫主流用户，也叫中间用户，大约占70%。他们为完成某个任务、在某种场景下喝你的酒，你满足了我，你"服侍"好了我，咱就掏钱。对你那些花里胡哨的说法，其实不关心、不感冒，无感觉、无所谓。

第三种，叫专家用户，大约占10%。他们喜欢深入研究你的酒，不仅喝，还能说出个一二三来。

可以肯定地说，我、蔡学飞、牛恩坤等等，属于第三种用户。

像我们这样的人，不是用嘴喝酒，而是用大脑喝酒。这样的人，不要说老白干，就是茅台酒，很多时候也很难让我们痛，让我们爽。比如，**要说"不上头"这个消费认知的发明，酱香酒可能是老白干的"祖宗"。**

那老白干的"主流用户"是谁呢？衡水老白干的利润产品（我说的不是十八酒坊）、老白干这种酒的消费认知，决定了**它讲不了"品位"，只能"讲究"**。我没有轻视老白干的意思，是从行业格局来看老白干的江湖地位。

啥叫"讲究"呢？就是你喝2000块的茅台，叫"品位"；我喝20块的江小白，叫"讲究"。为什么讲究呢？因为大排档的柜台上，老板娘同时有5款以上的"类江小白"供我选择。**这一分钟，花20块，我就是"皇上"。**

明白了吗？谁喝"十八酒坊"，我不知道。谁喝"衡水老白干"，我知道。因为我在衡水、在石家庄、在保定的大街小巷，转了一圈。村头的老张，只在乎这酒够不够"受吞"；大排档里的小李，只在乎这酒"好不好喝"（潜台词是"买不买得起"）。

对他们而言，他们不会拿"不上头"的茅台、五粮液作对比。**因为喝惯了低价酒，"不上头"就是认知痛点。喝了"不上头"，就是体验爽点。价格还合适，而且"不上头"，就是咱的痒点。**

至于其他的，我不在乎！

那么，衡水老白干这广告，究竟是面向随意型消费者，还是主流消费者的呢？

表面上看，"喝老白干不上头"是十八酒坊的诉求，但是，你难道就没发现，人家可能拿十八酒坊作垫背，落脚点却是"老白干"这种酒以及这种酒的代表"衡水老白干"。

牺牲十八酒坊，如果能够为衡水老白干找到一条绝处逢生的出路，有何不可？以此为战略机遇，对老白干进行迭代升级，更是上策。

所以，你想多了，对衡水老白干来说，服务好主流消费者就够了。

至于随意型消费者，衡水老白干是没有那个功夫、那个地位、那个实力去争取的。而专家消费者，只能是"你走你的阳关道，我过我的独木桥"，我们两不相干！

最后，山荣用三句话来小结，立此存照，并和那些大佬以及普罗大众们共勉：

要服务好中间消费者，防范好专家消费者，利用好随意消费者。

郎酒是一级产区、15 酱是二级产区产品，茅台学者首提酱酒产区分级

今天，山荣来谈谈酱香酒的标准价值——"严格"与"工匠"，以及由此生发出来的一个说法：

如果给酱香酒产区分级，那么，郎酒属于一级产区，15 酱属于二级产区无疑。

001　茅台耽误了酱香酒 50 年

众所周知，1965 年"国酒大师"李兴发发现了"酱香"，1979 年国家认可了"酱香"。

但是，直到 2007 年，"酱香"才有了省级标准，2011 年才有了国家标准。当然，茅台都是这些标准的主要起草单位，而且，茅台的企业标准始终高于国家标准。

这不是问题的重点，**重点是，茅台在标准上态度有些暧昧。**

在世界精英管理者的圈子里一直流传着这样一句话："三流公司做产品，二流公司做品牌，一流公司做标准。"一流的企业，要控制标准才有话语权。但是，茅台偏不！这里头，有历史原因，有技术原因，但不可否认，多少也有点怕弟兄们沾光了的心思在。

这就是我说的茅台耽误了酱香酒 50 年的原因。

002　郎酒属于一级产区，15 酱属于二级产区

从省标、国标到团体标准，基本上都回避了现在很敏感的窜酒，这是标准的缺失。现在有人在提酱香酒的分级问题，这是大势所趋。但是，得有懂行、想干事的人来推动。

如何分级？不光是大家熟知的工艺层面分级，比如大曲、麸曲、碎沙等等；还有产区层面，茅台酒原产地 15.03 平方千米是法定产区，茅台镇适宜酿造酱香酒的地域是核心产区，仁怀境内适宜酿造酱香酒的地域是经典产区，**赤水河流域，比如习酒、郎酒属于一级产区的产品；而 15 酱酒，可能得把它放到二级产区里头去。**

茅台本来就是老大，也想做老大，但就是拿不出老大的姿态来。**无论是标准制定还是工艺、产区分级，茅台最有发言权。行业想干，茅台不支持，干不了、干不好；茅台该干，但它就是不愿干、不敢干。**

书归正传。"严格"不是"标准"的价值，而是工艺的价值。为什么说酱香的工艺价值是"严格"呢？很简单，这种酿造方法确实"笨"、"慢"、"小"，一点都懒不了，一个环节你都省略不了。

一旦偷工减料，劣质酱香酒酸涩苦辣等"重口味"，消费者将没法喝下去。

003　酱香酒是工匠精神的奇葩

茅台镇及其酱香酒，是后工业时代工匠精神的最后遗存。

落脚到行业、品牌上，"工匠"有什么价值呢？酱香酒的生产技术，不管其他企业喊什么机械化，我不否定，但到现在为止，我没有看到令我信服的机械化、标准化科研成果。

相比酱香酒复杂的工艺，清香酒的生产周期不足一个月，地缸发酵……

汾酒可以高喊国际化。因为，清香工艺更容易将酿造智能化、工艺标准化、生产无人化。

工匠的核心是啥？绝对理解，就是手工化。这是与大工业水火不容的两种生产方式。这两年，茅台的生产也有人说什么"标准化"。**标准化的前提是精细化，你让一个公司、一个车间的窖池同一时间封窖，这叫精细化吗**？

这也就意味着，如果你要酿好酱香，除了所谓窜酒，生产成本你是没有办法省下来的。清香酒4块钱一斤零售还有利润——真的是纯粮酿造哟。以己之短，比人之长，劝大家就别打这个主意了！

以红缨子高粱为依托，划分酱香酒产区有何不可

葡萄对葡萄酒的品质有决定性影响。因此，产葡萄的地方对葡萄酒的品质也有决定性的影响。所以，葡萄酒有明确、系统的产区。

这个理念，山荣大约还是懂的。

今天，山荣想探讨的是，不同高粱对酱香酒产酒究竟有多大的影响？

001　高粱对白酒酿造的影响

酱香型、清香型等白酒生产均以高粱为单一原料。多粮型的浓香型白酒中高粱用量也是最多的。

究其原因，是高粱的无机元素及维生素含量丰富，为微生物的生长与繁殖提供了物质基础，生产出的酒质量上乘。

高粱中COA对产己酸有利，且对酯化有促进作用。

高粱所含单宁，味苦涩、性收敛，对酶有钝化作用，降低发酵力，但酒醅中适当的单宁含量可使酒醅发酵率高。单宁经蒸煮发酵，可转变成芳香物质，如丁香酸等，赋予白酒特殊的香气，并有抑制杂菌的作用。

002 "一粮二曲三匠人"

生产优质的酱香白酒需要除了优质酱香大曲、稻壳，合理的生产工艺流程及参数外，还需要优质的糯高粱原料。

我国高粱的主产区，以华北、东北为主的北方产区和以西南为主的南方产区。各地根据自己的种子资源和筛选，产生很多高粱品种，即便是同一种品种，在不同产地生产出的粮食淀粉、粗脂肪、单宁、吸水性能、糊化温度及黏度等各项指标也会存在差异。

各地酿酒企业会因地制宜，选择适合自己的原粮基地长期供粮以稳定酒质。比如，**茅台酒厂在仁怀市及毗邻地区的有机高粱基地认证面积达到了100余万亩，产量达到10万余吨。**

酱香酒生产需要优质的糯高粱，需要一个稳定的来源。而且，像葡萄酒那样，酱香酒对高粱的产地高度依赖。

003 茅台红缨子高粱究竟有多牛

①高粱物理参数：北方高粱、南方高粱或红缨子高粱，从物理参数讲其实都差不多。这就像评价一杯酒，理化指标可能差不多，但口感、质量却可能有天壤之别。

当然，明眼人一看，**红缨子高粱皮厚、粒小**，也是一目了然的。

②蒸煮过程性状：从高粱的蒸煮性状看，河北高粱杂质或空壳率要少于天津、辽宁高粱。但是，**就是不如红缨子高粱"经煮"。**

③高粱化学组分：传说红缨子高粱的单宁含量适中。确实如此。

据研究，高粱种皮颜色的深浅和单宁含量有关，单宁含量越高，高粱的外观颜色越深；单宁含量越低，高粱的外观颜色越浅。微量的单宁对发酵过程中的有害微生物有一定的抑制作用，能提高出酒率。**单宁产生的丁香酸和丁香醛等香味物质，又能增强白酒的芳香风味，含有适量单宁的高粱品种是酿酒的优质原料。**

北方高粱也含有支链淀粉。支链淀粉含量高，反映出高粱的糯性更强。红缨子高粱支链淀粉含量也较高。

④高粱吸水率和膨胀率：由于酱香白酒采用 8 次发酵、7 次取酒的工艺，吸水性较强的高粱，容易膨胀破裂，淀粉释放速度可能会比吸水性弱的高粱快，**吸水性较弱的糯高粱更利于淀粉的缓慢释放，有利于酱香白酒的生产。**

⑤糊化率及糖化率：糊化率和还原糖代表蒸馏过程的效率。越容易糊化的高粱不仅降低了生产能耗，更重要的是容易被窖池内的微生物所利用，从**而降低残淀粉率，提高酒的产量。**

004 山荣说：一方山水养一方人

这就是产区的根底。

北方高粱、南方高粱或红缨子高粱，在物理性质、蒸煮性状、化学成分、吸水率、膨胀率和糊化率等参数上，存在差异。

生产酱香酒应该使用蒸煮黏性较大的糯高粱。较高的支链淀粉、单宁、脂肪、蛋白质含量，更有利于生产优质的酱香白酒。

通过感官品评和色谱分析，不同品种的高粱所产酱香酒，微量成分也存在差异。

仁怀特殊的地理位置、土壤、气候等因素，造就了红缨子高粱皮厚、玻璃质高、支链淀粉多、单宁含量适中、酿酒不易糊化等特点，成为生产酱香白酒的优质原料。

既然如此，以红缨子高粱为依托划分酱香酒产区，有何不可！

从蔡京的包子看酱香酒为什么这么自信

有个卖酒人在朋友圈里说，"不知道为什么，我始终偏执地认为，只要中国人这个种族还存在，贵州茅台酒就会是中国人的顶级消费品。"有个酿酒人说，"茅台镇是中国的，中国是酱香的。"

那么，酱香酒为什么这么自信？且听山荣从蔡京的包子、老袁的米饭，慢慢为你道来。

宋人周密的《鹤林玉露》中有《镂葱丝》一则：

有士夫于京师买一妾，自言是蔡太师府包子厨中人。一日，令其做包子，辞以不能。诘之曰："既是包子厨中人，何为不能做包子？"对曰："妾包子厨中镂葱丝者也。"

解释一下，那婢女，只是专门为蔡太师的包子的葱丝镂刻花纹的。

数百年后，有官员见袁世凯吃饭，菜式简单：鲫鱼两尾，米粥一碗而已。赶紧拍马屁："大总统饭食简单，值得全国官员效法。"

其实，袁大总统吃的每一粒饭都是精心挑选出来的西北上等小米。两尾小鲫鱼，也是洹河鲫，乃河南名产，肥鲜嫩滑。当时没有冷冻保鲜技术，便在箱里装满未凝的猪油，将活鱼放入油中，鱼窒息了，猪油也凝结了，和空气隔绝，确保长途运输而色味不变……

因为滴滴，你可以让满街的轿夫，家门口来接送你；因为私厨，你随时让最优秀的厨师，上门为你烧菜……如今，消费升级，中国白酒也走进了

"轻奢时代"。

不说茅台酒，就说酱香酒。"12987"工艺，你一定耳熟能详了吧？一年一个生产周期，不要说在现在，就是传统的农业社会，那么干显然也划不来；2次投料、9次蒸煮，在家做饭，"多笨"的人才会这么干？**当初发现并运用这一酱香酒酿造技艺的人，不是疯子，就是天才。笨人酿酱香，慢工出好酒。**

所以，有人把茅台酒的主要消费群体定位在全国1.09亿中产阶级，把酱香系列酒主要消费群体定位到小康人群。因为，酱香酒这样的酒，才是好酒；因为，只有这样的白酒，才与你的轻奢生活匹配。

你要像蔡京那样吃包子，估计不行；你要像袁世凯那样吃米饭，可以；你要像总理那样喝茅台，品酱香，现在、马上就可以。

Chapter

06

说酒·营销

　　"狼行千里吃肉，狗行千里吃屎。"即使猎人再多，就算食物难觅，**你必须像条狼那样，坚强、勇敢、无畏、无惧。**有做事业的野心，有护家人的爱心，有打击对手的狠心，有战胜困难的决心。像狼一样，谨慎行事，绝不放弃。

酱酒江湖的 9 种 "死法"

茅台又涨价了。说飞天，就飞天！就是这么任性。

"国酒"吃肉，国台、钓鱼台跟着喝汤，百年糊涂、酣客也端起了碗。隔着几条街，都能听见了他们喉咙里发出的声响。

而你，闻到肉的味道了吗？你想过，这轮行业深度调整其实远远没有结束吗？你知道，你可能已经走在了最危险的时刻吗？

下面罗列酱酒江湖的 9 种死法，供你参考。

001　"安逸死"

你感觉，这轮风波你终于挺过来了。事实真是这样的吗？

2018 年初，山荣说过：2013 年那场清洗到今天，一些人生意还在做，营业执照也没有注销，政府也没视你为"僵尸"，但是，**你就像大雪里的一株嫩芽，以为自己就要迎来春天，结果，却被冰雪消融的那场雨水中"安逸死了。"**

是的，你现在的日子，过得那是相当的舒坦，但是，那不过是温水青蛙效应罢了。当你行将就木的时候，为时已晚。

002　"劳模死"

令人欣慰的是，茅台镇从来不缺劳动模范。然而，这并没有什么用。

有的酒老板360天起早贪黑，**生产、销售、财务、应酬，总之上下、内外大小事务都亲历亲为**。任尔东西南北风，不管线上线下新营销，总之老板我自为之，不授权，不育人，日夜操劳，堪称劳模。

结果就是，精疲力竭，自己累死。

003　"潇洒死"

酱香风口来了！不仅要挣钱，还要轻松快乐的挣钱。

是的，不光你这么想，别人也是这么想的。行业"复苏"，日进斗金，有人就当起"甩手掌柜"。孰知这个时候，选择比努力更重要。**战略缺失，把控不好方向，团队也不给力，利益分配机制不完善**……虽然采用市面上最流行的"授权管理"的方式，但是照样无声无息地消失了。

也许到最后，你都不会明白自己究竟是怎么到这一步的。

004　"被套死"

前几天，有人来买厂，几栋破房子，3200万元面都没见，款就到账了。

资本确实来了，但是，你不在他的圈子里。山荣说过：资本来了怎么干？如同上海海银、深圳华昱的到来，让你明白了一个道理：**做酒，你足够努力，所以，你活到了今天。但是，在磨刀霍霍的资本面前，你没有便宜可捡。**

这便宜我不捡还不行吗？不行！没听说过"上船容易下船难"吗?！

005　"多元死"

无论是上一轮"酒风"还是最近这一轮"复苏"，酒都仁怀从来都不乏因此死掉的人。

生意好了，赚钱之后，信心满满，认为无所不能。**有人要开酒店，有人要做茶叶，很多人还忙着"集团化"。**于是分散精力，也分散资源，走向成功之母——失败。

人啊，总是好了伤疤忘了痛。

006 "模式死"

国台说，"大国酱香，共创共享"。肆拾玖坊说，"中国中产家庭品质生活联盟"……

很多酒老板都是做"军火"或夫妻店起家，在经营中或多或少都用亲戚、用兄弟。一方面，产品质量并不是那么过得硬。另一方面，长期以来并非"唯才是举"，老板嘴上天天团队团队，其实连团伙都算不上。

不要跟我说什么商业模式。你爷爷的功能手机装上安卓系统，也成不了智能机，照样白搭。

007 "迷信死"

这个迷信，不是封建迷信，是迷信行业老大、迷信自己。

搞个"某某国酒"，带个"台"，这些都是小儿科，只能闹腾一时。还是去茅台集团贴个牌吧？背靠行业老大，吃喝不用愁。

专业做酒20年，什么风浪没见过？什么场合没见过？有行业老大背书，有经验在手，怕什么？是的，你曾经牛过，但未来还会继续牛吗？

008 "合伙死"

罗家坝的居民楼里，隐藏着若干酒业销售公司；杨柳湾的街道旁，开着若干"茅台散酒店"……

他们当中，1‰的人一定会胜出，甚至成为未来的行业领袖。但是，999‰的人，必定会"合伙死"一起死。生意起步或不好的时候，合伙人之间或许不会有太大的矛盾。而生意变大变好的时候，矛盾就冒出来了。能"共苦"而不能"同甘"，往往是合伙企业的一道坎。

009　"作贱死"

长毛酒、发霉酒的风潮，眼看着过去了。但是，"日进酒精"的酒厂，"裸模淫销"的故事，还在圈里野蛮生长。

"创新"就是破坏！但是，前提是你得有"严介和"（太平洋建设集团创始人，"全球华人第一狂人"）一般的眼光和执行力。这些玩法，短期流水确实不错，但是，它会形成路径依赖，习惯一旦形成就很难改变。于是，力度一次比一次大，让利也越来越多，流水看似增加了，落进口袋的钱却变少了。

010　学烤酒卖酒，看山荣说酒。

山荣也不知道你该怎么活。否则，山荣自己当老板，赚酒钱，发酒财去了。山荣警告你：活好当下每一天！

"卖酒九段"，你在第几段

有人的地方就有江湖，每个人都有一个侠客梦。

出来混，闯江湖，迟早要拿命来搏。

你初入酒市，只是创建了角色，算是进入江湖。那些见人加微信、在糖酒会发名片的年轻人，多半就处在这个段位。

请别灰心！历经一番勤学苦练，你便可以初窥门径了。

但论武功，此刻的你仍不堪一击。

江湖虽然拼爹，但更拼实力。所以，再过十年八载，你将略有小成。

如同江湖，酒圈的人和"山头"。成长路径大抵如此。

下面是山荣为你梳理的职业生涯，叫做"卖酒九段"：

1. 初学乍练：创建角色，踏入江湖，不堪一击，不在此列。卖酒功夫，3年才算入门，所以叫做"初学乍练"。练得三招两式，在各武林帮派当个喽啰，糊口是没有问题的。养家嘛，你得慢慢来。

2. 初窥门径：历时3～5年，你能在武林帮派中混个头目当当。功夫嘛，虽然并不高，但带几个小弟晃荡还是可以的。有一份不高不低的薪酬，娶妻、生子、糊口、养家，靠这杯酒都能做到。

3. 略有小成：在江湖中，你好歹是个资深头目，或者自己"单干"。归根结底，靠工资吃饭。"单干"的话，也不大可能获得高于行业水准的收益。能够躺着就把钱赚了的，毕竟是少数人。

4. 驾轻就熟：如果"卖酒九段"分三级，那么，这是二级的入门。酒圈这个江湖中，80%的人一辈子都停留在这个层面以前。踏入这个门槛以后，一个简单粗暴有效的标准，就是你有了"睡后收入"（在家睡觉也有收入）。"熬"到这个时候，比什么都重要。

5. 融会贯通：通过 10 年以上的勤学苦练，这时候，你可能融会贯通，为我所用，甚至有了自己的山头、地盘。从此，你登堂入室，在酒圈这个江湖中你算是刷出了自己的存在感。

6. 炉火纯青：能贩卖 3 个亿的茅台、五粮液，只能说明你也许关系够硬，有人罩着；也许你适逢其会，站对了风口……并不能说明你功夫到家。如果你能卖 300 万～3000 万的杂牌酒，那么恭喜你，成功晋级"卖酒六段"。

7. 出类拔萃：历时 20 年，无论是闭关修炼，还是一线打拼，你可能有机会迈过前面几道坎，在江湖上展露头角。也许你现在的老大，就是这个段位的人，大概相当于大公司的中层以上、中小公司的老板。

8. 神乎其技：混到这个层级，就可以开山立派了。开山立派，不是说你开了家公司有个厂，而是"江湖上报你名号就有人认"的地步。酒圈前十强的大佬们，便是这个层级。

9. 独孤求败：这个段位，相当于《天龙八部》里的扫地僧吧。类比的话，如今酒圈里的大佬也没有几个达得到的。当然，达到了的，人家也并不像独孤求败那样，四处招摇。量化一下"功夫"，就是难逢对手，所向披靡吧。

其实，江湖是不分段位的。

但卖酒，你完全可以对号入座，考量一下自己究竟在哪个层级上。一级三段以内，山荣啰嗦几句，与大家共勉：

一级一段：守拙。别人太强了，江湖太乱了，那就先守着吧。"凡棋有善于巧者，勿与之斗巧，但守我之拙，彼巧无所施，此之谓守拙。"简单讲，活下去才是硬道理，呆得住便是真功夫。场面上的话叫"坚持"，或者"熬得住"。

打个比方，你要像条牛那样，简单、老实、肯干。上帝喜欢笨人，江湖喜欢老牛。为什么呢？因为上帝不喜欢比自己聪明的人，老板喜欢牛不喜欢猴子。

一级二段：**若愚**。"观其布置虽如愚，然而实，其势不可犯。"你千万不要听信那些所谓的"经验"，再勤奋的牛，都可以随时卖掉、杀掉。牛的主人，并不会像农民伯伯那样掉眼泪。只有你成为一条狗，看家护院，而且忠诚。这个时候，你在江湖这个生态中，才有了继续存活下去的价值。

这里对应的是一级二段"初窥门径"。貌似你仍然没有什么竞争力，对吧？但我要告诉你，老板面对一帮初学乍练的家伙，缺的就是干活的人。所以，你要守住自己的心，做好自己的事，为老板在江湖拼杀贡献一份力量。

一级三段：**斗力**。在围棋中，这叫"野战棋"，"受让五子，喜欢缠斗，与敌相抗，不用其智而专靠蛮力"。这个时候，拼的不只是智力，还有体力。要不为什么说当头目还得身体好呢。

"狼行千里吃肉，狗行千里吃屎。"即使猎人再多，就算食物难觅，你必须像条狼那样，坚强、勇敢、无畏、无惧。有做事业的野心，有护家人的爱心，有打击对手的狠心，有战胜困难的决心。**像狼一样，谨慎行事，绝不放弃！**

二级四段以上，就看你自己的修为造化了。

尊敬的客户：我的酱酒，不愁卖哦

在茅台镇买酒，不难；买"好酒"，很难。

因为，在茅台镇买"好酒"，从来就是一个技术活儿。

讲年份，不要轻易相信茅台人的那张嘴，多少年都能给你吹出来；找专家，在真正的利益面前，不是人人都能有"不为五斗米折腰"的风格；看价格，有人就是把豆腐卖出了肉价钱；谈工艺，没有三年五载的功夫，摸门不入……

哪么，怎么办呢？且听山荣慢慢道来。

在茅台镇上买"好酒"，有一个粗暴的衡量标准：

就是真正的好酒，人家**不愁卖、不想卖、不愿卖**。

不要以为我是在忽悠。道理很简单：你听说过虫草什么时候卖不出去呢？

有一天，在"山荣说酒"群里，有人问我：

"茅台镇一年究竟有多少大曲酱香酒？"

所谓大曲酱香，当地人称"浑籽酒"。说白了，就是茅台工艺的酱香酒。

但是，山荣答曰：不可说，不可说！

不是我不想说，是不能说啊。我说出来断了别人的财路，这是不道德的。

说正事。中国酒业协会宋书玉先生曾说："真正的好酒非常少，一直没有突破 1% 的量。"

他说的是整个白酒行业。具体到酱香，山荣负责任地告诉你：酱香是你喝到好酒几率最高的品类。

仁怀官宣年产白酒 20 万～30 万千升，其中茅台酒基酒产量约 5 万千升。别的酒厂还有多少"浑籽酒"，只能靠你自己去寻找了。

可见：茅台镇好酒"不愁卖"。**因为这在当地直接就是"硬通货"；"不想卖"是因为原本稀缺，卖的也把它当作"命根子"；不愿卖，是早晚都能卖出去，或许还会有个更好的价钱。**

这么说你要是还不明白，那我说回虫草：

虫草的珍贵，主要在于其生产的"过程"和本身的"价值"。众所周知，虫草由"虫"变成"草"，需要苛刻的环境和条件。**如果换个环境，没了那个条件，"虫"就只能是毫无价值的虫而已。**

酱香酒呢？也是如此，否则，它就只能是普通白酒。

还不仅仅止于此——不同地方的虫草，因为环境和条件不同，个头和品质上有差异；产地越高、产期越晚，营养价值越高。

可见，不同地方的酱香，因为环境、工艺不同，品质有天壤之别。

中国的很多东西，有一个规律：

市场发现，资本跟进，跟风涨价，做死自己。

但是，茅台没有，酱香没有。这是怎么回事呢？

我曾经百思不得解。后来了解了虫草以后，才得以开悟。

普洱也好，玛咖也罢，只要有钱赚，更有钱的人跟着也就来了。价格一路飙升，形势一片大好。然后，资本收割韭菜，然后，就没有然后了。

这是因为，你涨价了，玛咖便可以扩大种植量。对地大物博的中国来说，几乎可以说你要多少，就有多少。

然而，虫草不行，酱香也不行。因为环境制约，离开了原产地就不再是酱香；因为工艺要求，你资本进来的再快，酿出酒来是一年后的事情，陈酿几年再上市，已经是三五年后的事情了。

这个时候，资本，跑得比兔子还快，早不见影子了。

因为这种状况，**以茅台为代表的酱香品类，在近20年来资本追逐中，每每幸免于难。**

即便是茅台自身，其实也是深得其利：天然的"延迟"效应，造成茅台的行动长期以来总是比政治社会经济形势慢半拍，就是这半拍，往往就踩到了点上。

向"长毛老酒"学习

长毛、发霉"老酒"堂皇上市兜售,已经搞得酒圈人心惶惶。

本来,我不想凑这个热闹。因为有关这事,有的话,我不便说;有的话,说了也白说。那么,还不如不说。

据媒体报道,贵州余庆一家企业违法生产"洞藏老坛酒"被罚 239 万余元事件发生后,我实在憋不住了,那就说几句吧。

001 "洞藏老坛酒"被重罚?你或许会错了意

据媒体报道,2017 年 8 月 20 日,贵州省余庆县的一家企业"在没取得食品生产经营许可的情况下",生产销售"洞藏老坛酒"等产品,被市场监管部门处以 239 万余元罚款。

茅台镇一位酒企的老板,专门给山荣发来微信,说"洞藏老坛酒""发霉老酒",已向周边县市蔓延,而且可能黄曲霉素超标——致癌啊!建议我向有关部门反映,应该以此事为契机,重拳整治打击。

对酒业人士来讲,"洞藏老坛酒"、"发霉老酒"这颗"耗子屎"招摇过市,业内有识人士敢怒、敢言,就是拿它没办法,眼睁睁看它为所欲为。

2017 年初,酱香酒的原产地仁怀市召开了深化白酒市场秩序专项整治工作推进会。媒体随后刊发报道,欢呼"仁怀掀白酒整顿风暴,低价酒、长毛老酒首当其冲。"

在欢呼声中，大半年已经过去了。这张 239 万元的罚单，并不是仁怀，而是距离茅台镇 200 多公里外的遵义市余庆县开出的。**这张罚单处罚的，也并不是"洞藏老坛酒"本身，而是在没取得食品生产经营许可的情况下生产加工白酒的行为。**

老板们，经理们，同志们，朋友们，你们或许会错意了。

002 买长毛、发霉"老酒"的账，不是消费者的错

地沟油的鉴别方法，专业的卫生部门都得立项研究，仅靠消费者的肉眼，难以火眼金睛地识别出"地沟油"的真实身份。以长毛、发霉"老酒"为代表的劣质酒，鉴别方法却远没有地沟油复杂。

但是，为什么这样的长毛、发霉"老酒"，就能够大行其道呢？

的确，消费者不买，长毛、发霉"老酒"当然卖不动；但假如说是消费者买错酒，才导致了劣质酒堂皇上市，进而"劣币驱逐良币"，显然不免冤枉。

诚然，消费者在选购白酒时，固然需要具备"一分价钱一分货"的意识，但假如为了规避消费风险，保护自身权益，消费者就非得在市场上挑贵的买，显然又十分荒唐。

无论如何，作为买家，当然会把"性价比"作为采购的首要标准。尽管很多商品的质量，消费者无法通过感官做出准确的判断，但他们会天然地认为，既然能够上市销售，且不论质量高下，好歹是合格的。

在这样一个判断前提下，**选择合格但便宜的商品，怎么说也是合情合理的。**

山荣负责任地说，酒老板们，你们可能真的不够了解消费者，你们不该错怪消费者。

003　长毛、发霉的"老酒"，可能比你要用心

动车时速，已高达 350 公里。白酒传承了数百年，在一些人看来，并不是什么"高科技"。

一些"洞藏老坛酒"、"发霉老酒"的理化指标，是能够达标的。也就是说，只要你没有把它当水喝"解渴"，一般还是喝不死人的。除了像余庆这家傻冒，多数"洞藏老坛酒"、"发霉老酒"也是取得了食品生产经营许可的。即便自己没有资质，该"挂靠"也"挂靠"了的。

所以，在一些人看来，这事还真不好办。所以，大家也就是口头指责一番，以解心头之恨罢了。

消费者的购买行为，可以说无可挑剔。那么，生产者呢？我说的是正规的白酒厂家，有没有什么问题呢？

比如，中国白酒的大众酒，无论东部沿海还是西部欠发达、欠开发地区，其终端零售价一般是在 100 元/斤以下的。**但是这个价位的酱香酒，目前消费者确实无"牌"可选。**

比如，长毛、发霉的"老酒"必须添加其他物质，但是，居然没有"喝出大问题来"，比起那些动不动氰化物不合格、甜味剂超标的产品，貌似还要用心一些。

004　长毛、发霉"老酒"，才是这个行业前进方向

套用营销 4P 理论，对长毛、发霉"老酒"的做个解剖：

从产品讲，长毛、发霉"老酒"实现了"创新"，特色鲜明，诉求精准。**"酒是陈的香"**，老坛、发霉让"老"可以感知、可以触摸。因此，每一个购买了"发霉老酒"的消费者，几乎都会向酒友讲述一个直击人心、感人肺腑的"品牌故事"。比如，这酒藏了多少年今天才拿出来喝；比如，这酒是我大舅子的铁哥们从茅台镇淘来的……这样的品牌自传播效应，除了国酒茅台，无人能及。

从价格讲，长毛、发霉"老酒"的消费者才是酱香酒的粉丝团。目前，这种劣质酒的网购价，已从过去的近百元一斤，下跌至 30～50 元一斤，还包邮。这对普罗大众无疑极具诱惑力。在淘宝网输入"洞藏老坛酒"，自然关联词汇分别是"酱香型"、"茅台镇"……其实，**他们真的是热爱茅台镇、喜爱酱香酒的啊！**

从渠道看，长毛、发霉"老酒"做到了精心培育、建立网络。长毛、发霉"老酒"主要通过线上销售，**手法专注，产品"极致"，注重"口碑"，而且还快。**互联网思维都运用到了。线下渠道的操作，无论是加微信，还是群聊、电话，套路有板有眼，对经销商的把控也十分严苛。

从促销看，长毛、发霉的"老酒"更走心。无论是承诺"不是纯粮酒死全家"，还是"学生卖酒，若卖假酒，欢迎跨省……"以及美女展示＋老酒开启过程演示及器具配备，至少，**这些人真的在关心消费者的所思所想。**

我向全国人民保证：4.5元/瓶的绝对不是茅台镇酱香酒

在淘宝网搜索茅台镇白酒，6.5元、9.9元/瓶的酱香酒铺天盖地。有人就说了，6.5元、9.9元/瓶的茅台镇酱香酒，你敢喝吗？山荣不想从酱香酒的生产成本来解读，而是直接透过现象看本质，揭示9.9元/瓶的所谓茅台镇酱香酒背后，有哪些深层次的，你该了解的东西。

001 生产：4.5元/瓶的绝不是茅台镇酱香酒

山荣知道，这个说法是得罪人的。但，还得要说。

《酱香型白酒国家标准》对酱香酒的定义是：以高粱、小麦、水等为原料，经传统固态发酵、蒸馏、贮存、勾兑而成的，未添加食用酒精及非白酒发酵生产的呈香呈味呈色物质，具有酱香风格的白酒。

从酱香酒的制作工艺来看，9.9元/瓶的不可能是传统的大曲酱香酒（即"浑籽酒"），也不可能是麸曲酱香酒（即"碎沙酒"），只能是窜酒——也叫串香，是用浑籽酒最后第9次蒸煮后丢弃的酒糟，加入食用酒精蒸馏后的产品。这种工艺生产的酒，成本十分低廉，而且，还可能是酒精加水勾兑的（谷称生勾）。

此法酿造的酒不符合酱香酒国家标准，并不是茅台镇酱香酒。仅仅因为标注产地在茅台镇，就拿茅台镇酱香酒的标准衡量它，实在是太抬举这些产品了。

因此，淘宝网上的那些9.9元/瓶还包邮的酱香酒，虽然产地标注为贵州茅台镇，但发货地点却往往不在贵州。

002　市场：兔子的尾巴长不了

2016年全国白酒总产量虽高达1300万千升，但对14亿人口而言，实在微不足道，尤其是只占中国白酒市场份额不到3%的酱香型白酒，还有很长的路要走。

须知，当年家家户户产"赖茅"的盛况，完成了酱香酒的市场认识——虽然贵州茅台酒的商标上标注"酱香型白酒"已经数十年，但全国人民向来只知有茅台，不知有酱香。

9.9元/瓶的所谓茅台镇酱香酒热销，表明消费者认知并喜爱上了酱香酒。时至今日，消费者"买账"的，已从"茅台酒"转向"茅台镇"，进而向"酱香酒"这个品类延伸。更进一步说，消费水平是梯次递进的。

50年前，广大人民群众只能喝"代用品酒"（这是一个陌生的名词，可百度）；10年前，人们才开始在乎香型，浓香酒因此独霸天下。如同红酒的分级，从"日常餐酒"到"地区餐酒"，从"优良地区餐酒"到"法定地区葡萄酒"，如今，人们意识到了"核心产区白酒"——茅台镇酱香酒。

因此，山荣有理由相信，如同20元/瓶的某小白，不可能永远"矫情"下去；4.5元、9.9元/瓶的所谓茅台镇酱香酒，也是兔子的尾巴——长不了！

003　厂商：谁是我们的朋友？这个问题是革命的首要问题

《毛泽东选集》开篇第一句话就是："谁是我们的敌人？谁是我们的朋友？这个问题是革命的首要问题。"斗转星移，就今天而言，"我是谁，依靠谁，为了谁"，依然是改革和商业中的根本问题。

我是谁？我是茅台镇酱香酒。所以，不能离开茅台镇，离开了茅台镇，我们就谁也不是了。

依靠谁？依靠传统工艺，毫不妥协，因为这是质量的根本保障。啥叫传统工艺?《仁怀酱香酒技术标准体系》有明确的界定。不解释。

为了谁？为了消费者，但是，我们不是党和政府，我们不向全体消费者服务。这些消费者，可以是达官贵人，也可以贩夫走卒。但是，**他一定是懂得起酱香、喝得起酱香，甚至是收藏、投资酱香的人。一句话，你来我欢迎，但我不强求。**

综上所述，山荣奉劝厂商：无论价格高低，产品优劣，对手如何强大，战场如何之激烈，请做好你自己！

酱香酒营销中的 4 种常见病，看看你有没有

新的一年，卖酒人又满血复活，开始了新的打拼。但是，整个茅台镇仍然鲜见让人耳目一新的变革，更多的还是在延续白酒销售上升通道中的浮躁模式。

不管你换了多少版本，出了多少"新产品"；不管你如何变换口型来"吹"新工艺；说白了，顶多算是"穿新鞋走老路"。或许，你以为这样做会给自己带来一线曙光，但就整个酱香酒产业的发展而言，只不过是扬汤止沸。

为什么这么说？下面山荣给大家说一说酱香酒营销中的 4 种常见病。

001　南辕北辙：注重包装设计而忽视质量创新

拼包装，是白酒企业近年来的普遍现象，这一现象并非茅台镇所独有。但是，茅台镇的包装似乎受到了更多的思维禁锢，一味沿袭所谓的"茅台镇风格"。

不信，你自己对照：

但凡酒包装必然采用酱色、酒神图等元素，要么金碧辉煌，要么"原浆"、"接待"凸显，要么山寨茅台酒包装……总之，自上一轮风潮后，确立茅台镇酒包装茅型瓶＋酱色调＋酒神图案＋7.5 平方千米＋"贵州茅台镇"字样后，历经 10 余年市场洗礼，行业标杆式的优秀包装或设计理念，现在还见

不到。

也许你会说，我在包装上已经尽力了。是的，不过你的酒是要卖给消费者的，他们感受到的只是花样翻新，品种层出不穷。**从升级消费而言，作为普通消费者或"酱粉"，对你的内涵不得而知，难以感受到质量的变化或提升，只能从包装上简单地对你的产品进行分级评定。**有时候，你还真是冤。

这，延续了白酒企业在产品开发上长期以来"舍本逐末"的习惯。

002　舍近求远：注重市场短期效益而忽视企业自身特色

近年来，包装的不断变革成为酱香酒产品展示的主打模式，与此紧密相连的是企业之间的相互跟风与雷同。如今，这种跟风又体现为"追新"和"赶时尚"：

要么针对"80后"、"90后"开发新产品，试图复制"江小白"；要么向洋酒靠拢，以低酒度和小包装为噱头拉拢年轻群体；要么学有的产品讲故事，但故事讲得又漏洞百出……

类似做法，很少进行过市场调研，几乎毫不考虑自身的产品特色。总之，什么好卖就做什么，凭感觉、靠运气、造卖点……目前，这种风气大有蔓延之势。

003　舍本逐末：注重销售而忽视营销

作为传统产业，酒厂重"销"轻"营"是正常的。但成立不足10年的白酒企业，居然推出了30年陈酿；实际只有50个窖池，却敢说年产量数千吨；视茅台镇为老本，用"发霉"、"长毛"来证明年份……种种明目张胆的虚假销售话术大行其道。

即便是在互联网时代，白酒的消费信息也还没有透明到毫无"忽悠"空间的地步。最为要命的是，这样做往往还取得了不错的经济收益。这让更多的人趋之若鹜，将其奉为"偶像"。只是有谁想过，**长此以往必将毁灭掉消费**

者对茅台镇、对酱香酒这个地域品牌价值的信任。

这就不难解释，为什么在进入行业低迷期四五年之后，本土企业中仍然没有一家能够在产品质量、营销模式上有所创新、有所作为了。

004　喜新厌旧：注重新兴营销手段而忽视传统营销创新

销售的疲软让很多人纷纷把目光投向了"互联网＋"。有调查显示，近 5 年来，白酒行业网络投放费规模逐年递增，增幅高达 6.8 倍。

但是，5 年过去了，除了茅台老大哥在互联网刷了一下存在感，掰着指头数一数，茅台镇貌似还没有一家企业从互联网中实现"翻身"呢。

在"玩电商"之前，罕见有人会"照照自己"。你耐心地去了解、思考过电商运作吗？你有深入研究过传统白酒营销模式变革吗？找一群会打游戏的年轻人，放几台电脑，就成了"电商部"，就敢说自己是在搞"互联网＋"?！这种自信，不服不行。

茅台镇的一些卖酒人，你不要企图用新的迷失去掩盖过去的迷失，这样你只会在迷失之途上越走越远。

有病，还得治！

"饮酒酱香"的营销新策略，你不能不知道

2018 年夏，酱香酒圈做出了几个"上热门"的大动作——与名人联手。

杨澜、林永健与李保芳、季克良联名勾调出一款名为"匠心之作"的专属茅台酒；马琳受聘"酱香先生"；李亚鹏牵手钓鱼台推出国藏新品……名人们来啦，"饮酒酱香"的新理念一时间风头无两。酒圈热闹非凡，人们感叹酱香的非凡魅力，并以此为自己"加戏"。

然而，你给自己加戏又如何？你的思考似乎也仅止于此。山荣认为：

名人们试水酱香的背后，意味着"酱香新营销"时代的来临。

001 关键词：场景

杨澜到茅台的事属于锦上添花，不是我等可以置喙的，这里就不谈了。

马琳，中国著名乒乓球运动员，18 次世界冠军获得者。且不说你认不认识马琳，在世界乒乓球舞台上，马琳都是曾经的主角，不可忽视的存在。

2018 年 8 月 23 日，马琳走进仁怀并被仁怀市酒协聘任为"酱香先生"。"以前比完赛我请朋友吃饭就喝酱酒。"他说。"当运动员时压力大容易失眠，适当喝点酱酒还有助于我快速入睡，而且第二天能保持头脑清醒。"

这就是一个消费场景——失眠喝酱酒，有助睡眠！有人可能不服了，酱酒又不是保健酒，喝别的酒也照样助睡眠。其实，那是没理解马琳的"琳酱

酒"的新场景。

小罐茶，一罐茶就是一泡；江小白，小聚、小饮、小时刻、小心情；琳酱酒，不是"冠军般的自我超越"，**而是"面对冠军般的压力、失眠、健康……"这是一个特殊的场景，也是一个量很大的场景。**

这就是马琳"问酱"的场景。场景才是产品的逻辑。

002　关键词：IP

IP可能是一个人，比如说马琳；也可能是一款产品，比如说钓鱼台国藏酒。

10年前，"做品牌"就是每年花2个亿，让消费者记住一句话。今天呢？"做品牌"是让产品自己会说话。

2018年8月24日，"家·国·天下——钓鱼台国藏新品战略发布暨封坛大典"在郑州举行。李亚鹏以钓鱼台国藏酒业联合出品人的身份，出席发布会并讲话。"20亿壕总裁"、友乐短视频张宏涛也是联合出品人，他说他"习惯了喝钓鱼台……"

IP不是一句空话，否则人人皆IP了。IP是"自主传播"的能量。

请你想象一下，作为钓鱼台国藏酒联合出品人，李亚鹏露个脸站站台事小，但他就是"产品经理"的话，试问中国有几款白酒，能有他这样的产品经理？

绕复杂了，简单点讲：**IP化的产品，就是不求所有人叫好，但一定有人把它当第一选择。就像张宏涛说的"习惯了喝钓鱼台……"**

当然，有人当第一选择，也有人反感，这没关系。最怕的是你只是"备胎"。

"我不傍名酒，我就是名酒。"对钓鱼台国藏酒而言，正走在IP化的路上。不花钱，不光电视广告天天播，而且有人在互联网上免费、自愿替你传播。

可见，**如果说场景是产品逻辑，那么，IP就是品牌逻辑。**

003　关键词：社群

啥叫社群？高大上的说法，是"人与人的链接"。

山荣的说法，就是马琳的"琳酱"，李亚鹏的"钓鱼台国藏酒"，铁定只卖给特定圈子的人。不卖给你，不卖给我，没关系，有的是人愿意埋单。

马琳、李亚鹏，以及张宏涛旗下那帮网红的粉丝们，他们不仅仅是酱香酒的消费者，他们还是"琳酱酒"、"钓鱼台国藏酒"的传播者。

马琳在仁怀举行了"国手马琳国酒之都见面会"活动，面向乒乓球爱好者们和酱香酒爱好者们，分享了他的冠军心路历程和"酱粉"成长经历。当时，山荣就在现场。

直到那一分钟，我才真正搞明白，什么叫做"物以类聚，人以群分"。

因此，"琳酱酒"注定是向特定的人群、特定的区域传播和销售。

这正是社群的价值所在。**你不是我的消费者，我为什么要让你喜欢？这就是社群营销的密码。**

004　关键词：传播

传播的事，就是前述这一切的总和。按照新营销理论创始人刘春雄的说法，"传播是新营销的逻辑"。

酱香酒又一场风暴来了！只是你不知道而已。

那我告诉你：**这场酱香风暴的标志，就是 2018 年夏，名人们纷纷来到茅台，尝试酱香。**酱香受到热捧，你很高兴。万一哪天这个馅饼砸在自己头上呢？

或者你是"知道"的。但你并没有深思，这事与你有啥关系？你更喜欢凑热闹，他走他的阳关道，我过我的独木桥。你这么想，表明你确实属于韭菜一族，活该被割。（本文得到了新营销体系创始人刘春雄教授的指导，特此致谢！）

不要轻信自己嘴里的"好酒"，这才是茅台镇好酒的标准

究竟什么样的酒，才是好酒？

对每一个资深酒友、每一个正宗酱粉来说，这是一个埋在心底的疑问。

然而，这个问题在中国几乎无解。因为买的没有卖的精。每个酿酒的、卖酒的，都说自己的酒就是好酒。

然而，时代变啦。我是没有你精，但是，我有足够多的选择。同样是酱香酒，线上至少有100种产品供我挑选，使尽浑身解数央我下单；线下至少有三五种产品，同时哄着我、求着我，要我"翻牌子"。

我是不懂，我用钱投票还不行么？

真是百思不得解啊！现在的消费者越来越难"伺候"了。如何告诉消费者"什么才是好酒"，几乎是每一个卖酒人的困境。

001 消费端：消费分级视角下的"好酒"

这两年，消费升级成为一个热词。

"富贵酒"——酱香酒，自然自命不凡地以为，抓住消费升级的尾巴，就能咸鱼翻身了。

你想多了！过去的消费你没抓住，不管消费升不升级，缺乏深刻的觉察，

现在照样抓不住。

比如，从消费端来看，与其说是消费升级，不如说是消费分级。啥叫"分级"？行业标准解释是"消费升级结构分化"。通俗点说，就是你升你的级，我升我的级。

你原来喝五粮液，现在升级喝茅台了。我原来喝二锅头，现在升级喝汾酒了。可见，我"升级"了，可是你的产品并没升级啊。

具体表现就是，在差距不大的情况下，消费者不追求高价格、高品质、品牌和优质服务，而是更多地追求物美价廉。一种是三线及以下城市居民追求低价，**在酱香品类中，典型表现就是光瓶酒、坛子酒、长毛酒、发霉酒的盛行。**

另一种，是一二线城市居民追求高性价比。**在酱香品类中，就是醺客、肆拾玖坊等新酱酒品牌的崛起。**

为了便于你理解，打个比方吧，这就好比既有主打低价、爆款的拼多多，也有主打优质、低价的小米。

回到白酒营销来看，对消费分级者而言，**所谓的好酒，不是和你卖的酒比，是和我过去喝的酒比。**

002　生产端：消费升级视角下的"好酒"

消费升级如火如荼地进行，越来越多人追求精品，愿意为建立在产品本身价值之上的品牌溢价和情感价值买单。

所以，山荣说过，"绝对的消费分级，相对的消费升级"。

因消费升级是"绝对"的，所以，你的产品升级，或者你嘴里所谓的"好酒"的第一条标准就是：绝对的好酒。

国台酒高喊"大师精造，真实年份"。大师只是背书，"真实年份"的承诺，就是"绝对好酒"。**对升级消费者而言，时间更重要。你要把酒卖给我，就得想方设法帮我节省决策时间。**

山荣敢断言：国台再这么喊下去，并且持之以恒地这么做下去，对酱香酒未来，必将产生深远的影响。

第二条"好酒标准",则是"相对的可比"。吴向东一坛好酒号称"定义好酒三大标准",明确、清晰地告诉消费者：醇厚、不上头不口干、好粮好水。

对升级消费者来说,体验更重要。你的好,得让我感受到。这就意味着,你得站在消费者的角度,替他找到"好"的参照系。

第三条"好酒标准",便是"一定的符号"。我说的不是品牌。渠道驱动是人海战,品牌驱动是烧钱战。这些你都玩不起。所谓符号,就是把你和别人的不同找出来,说出来。以情商驱动,以智商保障,做好你自己。

"好酒标准"本来只有三条的,我朋友周要火不同意,他觉得应该加上**第四条：就是舒适的口感、动人的情绪。**

口感问题,你不要跟我动不动拿茅台作参照。喝 200 块酱酒的人,有几个是随时随地喝茅台的？茅台的口感,我认；你的"茅味",对不起,我不认。而情绪问题,一言以蔽之,走胃＋走心啊。

究竟什么样的酒,才是好酒。还是没有答案。

但是,有且只有一个例外,那就是茅台酒。

用雷军的话说,**排除买茅台酒真伪的顾虑,仅就品质、品牌而言,茅台酒是中国每一个消费者"可以闭着眼睛买东西"。**

这就是茅台酒为什么这么牛的不传之秘。

所以,作为消费者,你嘴里的"好酒"可能不那么靠谱。

这样的酒，再好的模式也救不了你

某天傍晚，有人突然加我微信。我欣然接受了。

对方立马发来一波图片。是"某某台酒"的若干张设计图，包括酒盒、手提袋、外箱和高炮广告。对方问我，您觉得我这个品牌的包装怎么样？

我认真看了一阵，仅就产品本身提了一些看法。然而对方却说，您说这些我知道，我们不做产品，我们做的是模式。

有人说，"提建议是一种权利"。而我又自作多情了。但我最终忍住了，没有继续和他交流。其实我想说：**产品都没有做好，再好的模式，又有什么用。**

最近几年，酱酒风行"玩模式"。什么"品牌驱动渠道"，"生产为王技术至上"，在模式面前这些都老土了。

事实真的是这样的吗？

这些年，不断上演去澳洲买奶粉，到日本买马桶盖的新闻。到农家买鸡蛋，跑产地买特产，则成了购物常态。甚至涌现了包山林种果树、养家禽、种水稻的行当。

我不知道你怎么看待这个问题，我的观点很简单：**人们所以买飞天茅台，既是因为它的名头足够响，还因为它足够好。**

请记住：**品牌的本质，是降低消费者监督成本，方便消费者惩罚犯错企业的一种社会机制。**

开年以来，我每周写一篇"酱酒 TOP"，逼着自己，每周喝一款酒。

密集地更换口粮，我的一个最深刻的感受是：**如今的酱酒，品质同比、环比都有大幅度的提升**。无论是王子、迎宾，还是"双十"名酒的主打产品。

与此同时，两极分化也很严重。我有目的地喝了不下 30 款酱酒。然而，遇上一款口感、体感令人尖叫，或者直接点赞，品质好得没道理的产品，好像比我写文章过"10 万＋"还难。

然而，恰恰是这些人喜欢谈模式。三天不谈模式，就觉得自己过时了，跟不上时代了；就认为自己的产品，经销商不喜欢了，就要卖不出去了。

有人诚然是人云亦云，土话说"跟倒闹"；也有人确实是不明就里，拿白花花的银子折腾。

我这么说是因为这样的酒，再好的模式也救不了你：

窜酒大行其道，据说，仁怀某村"日进酒精"数十吨。但是，渣酿白兰地至今没有一个品牌（精酿白兰地的蒸馏原料是葡萄酒，而渣酿白兰地的蒸馏原料是葡萄果渣）。

某些单瓶市场终端价过百元的产品，"盐菜味"（即酒体的邪杂味）隔着卫生间都能闻得到。然而，江小白酒体成分单一，口感挺干净。成功的不是模式，而是产品本身。

不论你的模式多么厉害，你的制度多么科学，系统多么强大，你的实力多么雄厚，策划多么有创意，你的分配多么合理，文案多么诱惑，但你的核心：**还是产品！**

那些闷声发财的茅台镇酒厂，到底做对了什么

有的读者说山荣唱衰酱酒，"别人忙着画饼，你却在泼冷水……"其实我很理解大家的心情。毕竟从小学到高中整整12年，我们都是唯学习论。标准只有一个：谁的成绩好，谁就更优秀。于是，我们习惯了以成败论英雄。

与此同时，山荣知道你其实心里很不平衡：凭什么我付出了更多的努力，却没有他（她）混得好？他（她）不就是运气好吗？

为了能让这篇文章实际地为你提供帮助，山荣以行业内的一些事件为案例，深度剖析他们闷声发财的背后，到底做对了什么，为什么偏偏是他们，而不是你也不是我？

001 山荣观点一：先确定自己想做和不想做的事情。大胆舍弃不想做的东西，然后用十倍的努力去做想做的事情

这是山荣从贵州酒中酒集团在遵义召开的 2018 年发展战略研讨会上得出的一个结论。

2018 年 3 月 8 日，酒中酒邀请王继前、林枫、苗国军等管理营销界人士，以及湘贵实业王静总经理为首的团队，进行了为期一天的闭门研讨。研讨的详情，不得而知，但从会后发布的《酒中酒集团遵义会议战略发展决议》中，可以窥见端倪。

山荣从以"五个绝不动摇"为主要内容的决议中，看到的是酒中酒的野心和"舍弃"：

1. 明确**"浓香酱香并举，线下线上融合，聚焦战略市场，开放合作平台，实现价值绽放"**的战略路径30字方针。

2. 坚定不移地将酒中酒集团打造成中国一线优强白酒企业，争当茅台镇第二大酒企，在未来10年打造百亿企业，跻身酒业百亿方阵。将宋代官窖打造成全国知名的高端酱酒品牌，将"酒中酒酱"打造成全国知名的国民酱酒品牌，将"酒中酒霸"打造成高端小瓶白酒第一品牌。

个中门道，自己细看，做什么、不做什么一目了然。

002 山荣观点二：学会承认那些你看不起但是成功的东西，一定有厉害的地方。等你把厉害的地方都学过来，才有资格说看不起它

2018年3月9日，遵义市酒业协会、仁怀市酒业协会共同主办的2018年春季大师品鉴会，酱酒盟酒入选。同年3月9日至11日，贵州无忧酒业集团2018年度经销商年会召开。除了游览茅台镇、参观生产厂区这些"规定"动作外，居然还搞起了高端酱酒"开放式盲品"活动。

这两个活动在茅台镇酒圈波澜不惊。人家干什么，关我屁事！你走你的阳关道，我过我的独木桥，说的就是这个理。这样的做法，其实也谈不上什么不得了的新意。

甚至有人嗤之以鼻，认为品鉴会就是拉几个专家来站台；经销商年会嘛，与"会销"也没什么区别……没有几个人会去关注，这个品鉴会是行业协会操盘的整合行业技术力量、第三方独立酱酒品鉴平台；以吕云怀、彭茵、徐强等人为首的酱香酒最顶级专家"天团"参与品评。更没有几个人留意到，无忧已经进入"品鉴会2.0版本"，而且，无忧2017年实现营业收入增长100%，其中品牌酒同比增幅达600%。

你喜欢或者不喜欢，你认可或不认可，它就在那里。而且，它还干得风

生水起。就像山荣一样，我看到一个东西，我看不起它，于是我鄙视它。然后呢？没有了。

可是，当你出于偏见讨厌一个东西的时候，就已经失去了学习它优点的机会。

003　山荣观点三：永远比身边的人多想一步。不要把他们当作讨论的伙伴，要时刻把他们当作自己信息反馈的用户

遵义市酒业协会、仁怀市酒业协会在全市白酒企业中开展自律检查行动，山荣有幸参加了遵义市白酒产业发展专家委员会筹备领导小组成员会。会议审定了遵义市白酒产业发展专家入围名单。

无论这次向"长毛"、"原浆"等酒产品开刀的声势有多大，归根结底还得靠"自律检查"；否则，酒业协会并不能拿你怎么样。而遵义市委、政府搞不搞专家委员会，谁进入专家委员会，和你卖酒赚钱，应该没有什么关系。

我知道，你也是这么想的！但是，你难道就没有想过，酒业协会为什么会突然搞自律检查，"长毛"、"原浆"还能做多久？

山荣想到的是，**政府的管控手段，正在升级；有关白酒工艺技术科研营销等等，有人在潜心研究**……总之，你所引以为傲的那些手段，也许都在彀中。

酱香酒"脱光"的机会来了

天上有瓶酒，叫飞天牌贵州茅台酒。

地下有瓶酒，叫茅台镇"茅台散酒"。

当然，这是山荣调侃的说法。如今，"茅台散酒"也就是嘴上说说，没有谁像我这样，白纸黑字地写出来、卖起来的。而你，自然也清楚，"茅台散酒"并不是"茅台酒"的散酒，而是"茅台镇"的散酒。

由于这种"茅台散酒"通常不带外盒包装，所以又被叫做"光瓶酒"有的茅台镇光瓶酒是"三无产品"，"裸体横陈"你面前；有的也是"三有产品"（有生产日期、有质量合格证、有生产厂家），甚至是"三好学生"（酒质好、价格好、信誉好）。

不管"三无"还是"三有"或者"三好"，离开茅台镇，这种光瓶酒都有一个统称："茅台散酒"。

最近这几年来，在茅台镇，无论是正牌酒厂还是游击队，又或者散兵游勇，其实都在做这样的光瓶酒。但是，光瓶酒也在"转型升级"，他们不仅"颜值"挺高，而且不再打"茅台酒"的擦边球，至少不再明目张胆地打擦边球了。

好吧，正本清源，还它本来名字"茅台镇光瓶酒"。

001　茅台镇光瓶酒，位列中国白酒光瓶酒"第五阵营"

今日茅台镇光瓶酒，虽然还没有蜕去"茅台散酒"的原罪，但是，好歹不再是"茅台假酒"的代名词。

这是茅台镇的进步。10 万茅台镇卖酒人，以自己的实际行动向茅台酒表态，向市场示好。客观地说，茅台镇光瓶酒，已经获得了市场的广泛认可。

不可否认，茅台镇光瓶酒与中国白酒市场通常意义上的光瓶酒，仍然有所不同。在中国，光瓶酒通常被划分为四大阵营，分别是：

以老村长、龙江家园、小村外等为代表的东北光瓶酒阵营；以牛栏山、红星、枝江等为代表的泛名酒光瓶酒阵营；以泸小二、江小白、小刀等为代表的时尚光瓶酒阵营；以及鹿邑大曲、山庄老酒、高沟老酒等为代表的地产光瓶酒阵营。

为此，**山荣把茅台镇光瓶酒列入中国白酒光瓶酒"第五阵营"。**论实力、论品质，茅台镇光瓶酒都有这个资格。

002　光瓶酒，会成为茅台镇酱香酒的下一个风口吗

关于"脱光"，有一个被茅台镇人忽略的重要事实：

从行业来看，2012 年底到 2013 年，整个白酒行业遇冷，大众酒迎来发展机会。光瓶酒作为大众酒行列重要的组成部分，老村长、龙江、小村外、小刀、牛栏山等主流光瓶酒均达到 20％以上的增速，甚至 30％。

从品类来看，浓香、清香等香型白酒，50 元/500 毫升以下主要是光瓶酒，20～30 元/500 毫升已成为主流。对酱香而言，**百元以下价格带已悄然被光瓶酒占领——这就是为什么，茅台镇上大大小小的酒厂都在闷声做光瓶的根本原因。**

从价位来看，其他香型的光瓶酒，目前总体上占据了 20 元以下价格带。量最大的仍是 5 元、10 元、15 元，其中 10 元和 15 元是主流，但五六元、七八元的存量也是非常大的。而酱香，一般的光瓶酒零售价下限约为 40 元，酒

质优异、会讲故事的酱香光瓶酒，卖到 200～300 元并不罕见。

与其穿衣戴帽、装模作样地"做品牌"，不如"脱光了"卖品质。这是绝大多数茅台镇人的说法。

多数人说到做到了。也因为这个原故，茅台镇光瓶酒已然登堂入室，在市场上赢得一席之地。

003　走自己的路，让别人打车去吧

40 年前，中国白酒基本上都是裸瓶的。哪怕地位之高的茅台才仅仅是在外头裹了层宣纸。

改革开放以后，人们的审美发生了变化，穿衣品位也发生了变化，不再是五颜六色地裹在身上。白酒的包装，在历经"满汉全席"式的过度包装后，并没有越穿越多，而是"返朴归真"，脱掉包装，露出裸瓶。

新一轮的"脱光"争夺战悄然打响了。而茅台镇光瓶酒，走的是自己的路，让别人打车去了：

趋势一：个性化。酱香光瓶酒的意见领袖，与其他香型的光瓶酒有很大不同，不是"80 后"、"90 后"，而是"60 后"、"70 后"。这些人，已经有能力消费相对轻奢的百元价位的酱香酒了。但是，他们对酒体、对由头都有着小市民的严苛挑剔。

趋势二：二元化。其他香型的光瓶酒，几乎就是低价酒的代名词，但酱香光瓶酒从来不是。买的、卖的都有充分的理由说，自己的光瓶酱香品质更佳。事实上也确实如此。

趋势三：小众化。高端酒靠资源驱动，大众酒靠模式驱动。由于酱香的小众品类属性使然，目前的酱香光瓶酒并没有"大众化"。相反，它像一个酒业"怪胎"总是反其道而行之：酱香光瓶，有模式、没品牌。

004 有模式、没品牌的茅台镇光瓶酒，或许会成为三线酱香的选择

茅台酒，不必说了。他是一线中的一线。

二线呢？郎酒要做"中国两大酱香白酒之一"，国台让唐国强在央视大呼"酱香新领秀"，钓鱼台端着"国之气度，和而不同"的架子……习酒、金沙、武陵、珍酒等等，好歹已经找出一条路来。

但对茅台镇多数地产酱香酒来说，它们连酱香的"小组赛"都没有入选。

酱香"脱光"的**优势**在于：茅台酒的"光芒"、"福利"无处不在；二线**阵营中，目前还没有人愿意真正"脱光"**。劣势在于：价位相对行业光瓶酒偏高，零售价一旦低于某个阈值，白酒还是白酒，但肯定已经不再是"酱香型"了。

酱香"脱光"的威胁，来自于吨酒成本更低、大众步伐更早的那些泛名酒光瓶、时尚光瓶。至于东北光瓶，并不在酱香光瓶的话下。

机会在哪里？目前，酱香光瓶有模式、没品牌。不用站在月球看地球，也不必拿别的产区说事。总之，酱香"脱光"的机会来了！

几种思维学不成，枉做茅台卖酒人

你是不是也想过，为何老板可以年入百万、千万，而自己只能领几千元过日子呢？是的，这就是人与人的不同。

但更大的不同还在于，人与人的不同本质上体现在思维方式上。由于出身、教育、经历等因素，每个人的思维方式都不一样。这和学历高低，不一定呈正相关的关系。

因为思维方式不同，导致每个人的不同性格、不同风格以及不同的成长路径。

于是，向"酒林高手"学习，最重要的就是学习他们的思维方式，学习他们如何思考。

你工作中接触的高手，其实不外这三种人：

001　向老板学习

技术思维：茅台镇某酒业公司的老总，早年在茅台酒厂从事技术工作，创业后仍深入钻研。他和他的团队，更偏重以技术为核心，懂生产、懂勾调……从他们身上，我看到的是对酱香酒品质的极致追求，是对某个专业领域的深度积累与长期钻研。

文化思维：另一家老牌民营白酒企业，老总是仁怀改革开放后第一批吃螃蟹的人。他的儒雅，酒圈皆知；他的企业，以传统国学作为企业文化底蕴，给人以由内而外的感召力与厚重感。

互联网思维：接触的某位老总，他的企业近年来在"互联网＋"上做得挺顺利。其实，他本人对互联网的技术恐怕了解得并不深入，但是，他对互联网的理解却深刻而独到。比如，他在仁怀最早大肆"免费送酒"，因而网罗了数以十万计的客户数据……在电商渠道，他的一些玩法，通过市场检验也证明，确实极富前瞻性与创新性。

营销思维：凭借向国酒茅台提供劳务派遣、装卸搬运、卫生保洁等服务，近几年有一家公司在仁怀可谓风生水起。从他的老总身上，学到的是，无激情不营销。他讲话极富感染力，个性极为鲜明。兴之所致甚至能为领导、客人即兴高歌、朗诵。见一次面，就能给人留下深刻印象。

002　向团队学习

交际思维：有一个还战斗在营销一线的兄弟，早年和他在一起工作时，发现他在卖酒时有一个非常鲜明的特点：就是喜欢主动跟人打交道。到早餐店吃个稀饭包子，他能三下五除二就把自己的产品摆上早餐店的柜台。

品质思维：认识某个女生，在酒圈已经闯荡了一些年头。虽说这个圈子"天生不是女人玩的"，但是，创业之路的艰辛，仍然没有消磨掉她对生活的优雅态度。而且，更可贵的是她非常具有品质感，对于生活她追求有趣、追求新事物，所以，朋友们总是能听到她讲很多有趣好玩的东西。

规划思维：山荣最难缠的客户之一——为了一个文案，他可以半夜一点给你打电话。而且，他还一二三四把自己的思考跟你说得头头是道。他对事情的严谨态度、对产品的极致追求、对包装的唯美取向，非常值得学习。

003　向前辈学习

快准狠思维：2016 年接触一位老总，早年他从四川来到仁怀，从事的不过是摆摊倒卖小百货的生意。如今，他的酒厂年产千吨，营销也是风风火火，他快准狠的思维以及对于认定目标的坚持，让人不由心生敬佩。

创业思维：王总是业务强人，他给人的感觉很像创业者，有清晰的目标导向，有很强的执行力，一直不是"要我干"而是"我要干"的作风。

战略思维：本人早年曾在茅台镇某酒厂工作。当年的同事中，有人做了公务员、茅台酒厂的工人，10多年过去，还是那样，不温不火；有人今天开餐馆，明天卖衣服，10多年过去，还是那样，半死不活；有人始终就在酒圈混，而且就跟定一个老板，10多年过去了，还是那样，只不过，他已经不再是当年的他的——坐拥豪车，年入百万。

深度思维：山荣服务的某酒业公司，老总今年不过30岁挂零，在茅台镇酒圈虽然资历不深，但是，和他接触，你便明显地感觉到他对行业、对市场的深入思考和解决方法。对于任何复杂的问题，他总能用很清晰的逻辑理清楚、说明白，关键是，还能执行到位。

求知思维：山荣发起的读书会活动中，有一位老总经常参与。他的企业规模虽不大，但经营得井井有条。和他交流，发现他对于任何新事物都不会放过。国内创办最早也是唯一公开发行的糖酒食品周刊杂志——《糖烟酒周刊》，他是茅台镇为数不多的长期订阅者。

思维方式，这事很虚，你学不到，它就虚得没有意义；但是也很实，你学到了、学会了，它就实得不得了，实得行之有效。

虽然仁怀号称中国酒都，但对于营销而言，这里毕竟是"小地方"、"小眼界"；向老板、向前辈学习思维方式，其实就类似于给自己的"电脑"更新系统，打打补丁。只有这样，才能让我们的大脑运作得更加快速、更加领先、更加有效率。

Chapter

07

说酒·价格

　　100元以下，是酱香酒产品的"质量线"。百元以下的酱香酒要不要做？山荣的答案是要做。但是，这个领域更讲究怎么做。不然，即便你攻下一个山头，可能也会让对门"老汪"捡了便宜。

警告茅台镇：酱香酒"莫要把心思只放在价格上"

001　让我们"通过酱香酒，把价格卖出去"

有人说过，"销售是通过价格把产品卖出去，营销是通过产品把价格卖出去"。

卖产品思维的人喜欢动用价格手段，比如降价、打折、促销等，这类手段都是降价或变相降价，因为他们最简单有效，但负作用也最明显。

高手的做法是：什么都可以谈判，但价格和付款条件不能谈判。比如茅台，就是如此。**先把价格定死，再想办法，但就是不从价格上想办法。这就是营销的思维了。**

所谓定价定乾坤，定价是策略，高价是战略。可见价格多么重要。

002　酱香酒能不能卖"价格"

所谓卖价格，就是要产生溢价。所谓溢价，就是卖得比别人贵。品牌如果没有溢价，很难说是品牌。

网上有人 3.9 元、6.6 元、9.9 元购买茅台镇酱香酒，不正是冲着"茅台镇"这个地域品牌："酱香酒"这个品类来的么？只是，**如何把酱香酒卖出溢价，还要让消费者领情，愿意付款。**

这就需要证明溢价是划算的。所以，卖价格就是通过一系列的活动，让消费者觉得这个产品值这么高的价钱，高价比低价还划算。一句话，**让消费者觉得"值"！**

003 茅台镇患上了"低价依赖症"

茅台镇一些人就是爱卖低价酱香，难道他们是慈善家？绝对不是。

他们只是患上了"低价依赖症"。任何商品，只要降价、打折、促销，立即就动销，见效快，结果明显。销售一旦遇阻，立即想到价格手段，这在有的酒厂，已经成为习惯。

对价格手段产生依赖，就像吸毒一样，会成瘾，很难戒掉。所以，下一轮就只有加大剂量，否则就无效。**这就是茅台镇的"低价依赖症"。**

"低价依赖症"会改变盈亏平衡点。价格下调，就会在成本上想办法。在成本上想办法，就容易影响品质。**后果，你懂的。**

004 价值是持久手段

对价格敏感的人，会反复追逐价格。但是，真正的"酱粉"（酱香酒粉丝），其所在阶层和消费能力，其实对价格不那么敏感。

所以，那些靠免费送酒，靠电商渠道低价倾销，靠就地灌装低价引流的客户，**我敢跟你打赌，一定会因为更低的价格而离开。**因为低价吸引客户容易，但稳定客户难。高价吸引客户难，但稳定客户容易。所以，茅台酒何止经销商赶不走，连消费者也赶不走啊。

低价产生的是价格认同，这一点，浓香早就做到了。所以，今天川派浓香酒在市场上就是鱼龙混杂，高端的、低端的搅和在一起，这对浓香酒品牌而言简直就是灾难。

高价产生的是价值认同和品质认同，这一点，茅台酒做到了。那么，茅台镇的酱香酒，能不能做到呢？让我们拭目以待！

警告茅台镇！酱香酒"莫要把心思只放在价格上"！

茅台镇"低价依赖症"患者，有病得治

001　除了"茅台"真就不能做品牌

有人认为，茅台镇酱香酒企业除了"国酒茅台"，其他任何人压根就不要打什么品牌的主意。这话的言外之意，除了信心不足，更重要的还在于，他在为自己的"低价依赖症"找借口。

需知价格扰乱对手，也扰乱自己。低价白酒，浓香、清香早就验证过了。看看现在四川浓香酒产区的竞争局面，你就清楚了。更重要的是，**低价扰乱对手是暂时的，扰乱自己才是永久的**。所以，当年那些靠低价曾经很厉害的酒厂、品牌，都已经找不到了，而"飞天"茅台，还在快速、稳健地发展。

002　价格崩盘比销量崩盘更可怕

放眼中国白酒，除了茅台，没有任何一个酒厂和品牌，如今还能保持足够的"价格定力"。

但是，很多酒厂和品牌，比如隔壁五粮液，对门洋河都不甘心，都在试图重建"价格定力"。所不同的是，茅台镇某些人却反其道而行之，偏偏要放弃因茅台引领、品类感召而带来的"价格定力"。

从这个角度看，**酱香酒作为一个稀缺品类，其价格正在丧失定力，随之**

而来的，就是价格崩盘。价格崩盘，比销量崩盘更可怕。

003 "低价依赖症"没治了

销量崩盘，有很多办法可以挽救——过去 3 年，茅台镇过得不错。甚至可以说，已经活过来了。

但是，价格一旦崩盘，消费者会逃离得更快，连挽救的办法都没有，无解。

需知，过去几十年，中国白酒整体处于"温饱型营销"，有酒喝就是幸福的。所以，低价手段是管用的。但是，面对中产崛起的消费升级，人们已经"吃饱了"，而且"撑着了"，这个时候，对酱香酒这样的贵族品类——价格手段正在成为负向手段。不用则已，一用更糟！

004 好酱酒至少应该卖 150 元/瓶以上

2014 年 9 月 9 日，时任仁怀市政府副市长喻阳洪在"中国酒都·贵州仁怀酱香酒招商引资推介会"上曾说：好酱酒至少应该卖 150 元/瓶以上。

山荣认为，1499 元是茅台酒的"下线"，20 元是茅台镇酱香酒的"底线"。

你可以把酱香酒卖到 100 元以下，毕竟这是大众酒的"天花板"。但是，**你千不该，万不该，不该把打着"茅台镇酱香酒"6 个字的产品，卖到 20 元以下**。

这是病，得治！

否则，祸害同行，搅乱市场，谁也救不了你。

要命的不是酱香酒没人买，是不要命的低价竞争

我是茅台人，我骄傲，我自豪！

我卖酱香酒，我自信，我厉害！

我纠结的、我不爽的，是那些打价格战、搞低价竞争的人。请全国人民作证：要命的不是酱香酒没人买，是不要命的低价竞争！

001 低价竞争：饿死同行

正宗酱香酒，独产于茅台镇。

就那么些厂家，就那么点产量，就那么点市场占比。这个，你比我清楚。

如果一个区域有 100 家需要酱香酒的经销商，你用低价搞定了 10 家经销商，那别人的机会，绝对不是剩下的 90 家，可能是 3 家、可能是 5 家。总之，他们接不到订单，早晚得饿死。

长此以往，市场就被你这样的人，搞乱了、搞垮了。

002 低价竞争：累死自己

如今，茅台镇酒厂的毛利率控制在 30％～50％属于正常范围。但是，你为了有生意做，毛利率 10％你接了，甚至 5％你也接了。接到单了，你当然

高兴，厂里热火朝天，工人日夜加班，物流天天发货……可是，你的日子，真的那么好过吗？

年底算账，除去水电、物流、包装、工人工资，到头来，你究竟剩下多少呢？

你这是为了谁呢？

003　低价竞争：坑死消费者

广大酒民朋友们，不是内行人，你永远不知道茅台镇酱香酒行业的水有多深。

不是说酱香酒就得卖高价，但是，9.9元/瓶的价格，何止是臣妾做不到，神仙也做不到啊——既然低价，那就无法保证利润。如果他还说要卖给你，那我跟你打赌，他一定偷工减料了。

所以，无论你是经销商，还是消费者，无论你是赚一票就走，还是尝一口试试，这么低的价格，千万不要以为占了个大便宜，其实最该哭的是你自己。

004　低价竞争：酱香酒将失去未来

30年前，酒精兑水，也可以解决父辈们的酒瘾。

20年前，30天发酵，便可以满足人民群众的需要。

10年前，入口绵甜爽净，香味协调，就是不错的好酒了。

但是，今天呢？咱小老百姓的消费已经升级了，咱大中国的泛中产阶级正在兴起。咱喝不起茅台酒，咱喝地道、正宗的酱香酒，这几个小钱，还是有的。

问题在于，广大酒民朋友，压根不知道怎样才能买到地道、正宗的酱香酒。而你是茅台人，卖的是酱香酒，但低价竞争是兔子的尾巴——长不了啊！

005 周山荣：好自为之，请君保重

2016 年，华为掌门人任正非在"世界移动大会"上说：

"再不可以忽悠中国消费者了。什么'物美价廉'，什么'让消费者享受低价'等等，这些东西都是靠不住的。提升产品品质，需要巨大的投入和决心，需要几十年厚积薄发。你一味低价，就没有好产品。而消费者根上的需求是好产品，是高品质的产品。"

最后，容山荣说一句：好自为之，请君保重！

郑重告诉你，一个真实的"酱香酒价格线"

贵阳酒博会，几乎成了酱香酒的主场。来贵阳"看酒"，这篇文章值得你读一读，因为这事关"贵族品类"——酱香酒的价格线。

虽然这是"非权威专家"的发布，但是，我相信对你一定有点借鉴、参考价值。

001　从 2014 年的一个"故事"说起

2014 年，就在贵阳酒博会上，当时分管酒业的仁怀市政府副市长喻阳洪曾在答贵州都市报记者关于"仁怀酱香酒的价格定位"提问时指出：**"好酱酒至少应该卖 150 元/瓶以上。"**

喻阳洪当时已分管仁怀酒业多年，对酒业有着深入洞察。他指出，"浓香型白酒 100 斤高粱能酿 100 斤酒，而以食用酒精为主的浓香型酒 100 斤高粱能酿 200 斤酒，但酱香型酒则不行，每酿造 1 斤酱香型酒需要 5 斤高粱，最低还要存放 3 年以上。由于成本高出其他香型白酒很多，因此好的仁怀酱香型白酒的价格至少要卖到 150 元/瓶以上。当然 10～20 元一斤的酱香型酒也能酿造出来，那是低端的碎砂、翻砂酒，最好喝的酱香型白酒的价格应该在 200～300 元之间。像茅台酒一样的千元以上的超高端产品毕竟是少数，那是顶级酱香型酒，价格高点也是应该。"

002 酱香酒需要什么样的"价值线"

中国白酒大众类产品的主流价格带,无论发达东部还是欠发达的西部,差不多都在 100 元/瓶以下。

这一区间以枝江等为代表的二、三线产品已全线覆盖,且全渠道运营,"大众酒"竞争异常惨烈。对此酱香酒先天乏力,如果恪守传统,做到酒质尚可的话,**则成本控制和质量稳定间难以找到平衡。**

那么往上走呢?茅台酒拉高了中国白酒的价格天花板。但是,除五粮液、洋河可以"捡漏"外,即便将视野收缩回酱香品类,显然也只有诸如"国台"、"钓鱼台"等产品从实力、渠道、品牌层面有机会分得一杯羹。**对其他酱香酒来讲——茅台涨价与你无关。**

"高不成",酱香酒品类的二线梯队尚未成型;"低不就",你玩不来、也玩不起。一言以蔽之,**"高不成、低不就",才是茅台镇酱香酒"价格线"最现实、最有效的选择。**

003 非权威发布:"酱香酒价格线"

500～800 元价位:是酱香酒二线产品的**"品牌线"**。目前,郎酒野心勃勃,喊出了"中国两大酱香白酒之一"的口号;国台始终奋起直追;钓鱼台等品牌始终野心勃勃。

300～500 元价位:是酱香酒产品的**"发展线"**,这条很重要。虽然有难度,但经培育以后销量可以提升,对品牌的带动作用、溢价作用非常大。如果酱香酒能够在 300～500 元价格带找到一隙余地,那么,企业和品牌的竞争力跟全国名酒比起来就可以不分彼此了。

100～300 元价位:是酱香酒产品的**"生存线"**。暂且不考虑过多的税负因素,即便只看酱香酒中小企业粗糙、粗暴、粗放的营销,表面上看,每一个卖酒人都把自己的利润看得很高。茅台镇酱香酒只要离开仁怀,瓶装酒利润空间上翻 2—3 倍,几乎是行业通行规则。但是,即便按你的规则来,到你手中的利润又有多少？而且，对你毫无品牌支撑、性价比也不是特别凸显的产品来说，你自己不管不顾地高于这个价格，消费者凭什么买你的账？

100元以下：是酱香酒产品的**"质量线"**。百元以下的酱香酒要不要做。山荣的答案是要做！但是，这个领域更讲究怎么做。不然，即便你攻下一个山头，可能也会让对门"老汪"捡了便宜。

茅台酒价格的历史变迁，你知道吗

茅台酒的价格，向来是行业的焦点。从一定程度上说，茅台酒价格的走势，标志着白酒行业的走势。

下面，先来看看茅台酒的价格变迁和这背后的"秘密"。

001　20 世纪 50～70 年代，价格小幅逐步上涨

改革开放前，茅台酒的价格分为出厂价、调拨价、批发价、零售价（产地）4 种。

以出厂价为例，1951 年至 1956 年，平均每吨 2553.02 元，每瓶 1.28 元；1957 年，调整为每吨 3574 元，每瓶 1.79 元；1961 年，调为每吨 5000 元，每瓶 2.50 元；1974 年，调为每吨 10000 元，每瓶 6.20 元。

计划经济条件下，由于茅台酒产量低，又要兼顾出口、接待等需求，分配到各地的茅台酒凤毛麟角。以调价的时间跨度和人民需求而论，涨幅其实极小，但普通老百姓仍一瓶难求。

002　20 世纪 80 年代，改革后价格逐步攀升

20 世纪 80 年代，国家对茅台酒的价格作了较大调整。

1981 年，出厂价 500 克装每瓶 8.40 元。

1986 年，出厂价 500 克装每瓶为 9.54 元。核定内部供应茅台酒零售价为：白皮纸包装 500 克每瓶 18 元；彩盒 500 克装每瓶 20 元。

所谓的"零售价"，不是市场零售价，而是茅台酒厂内部供应零售价。到 1989 年前后，茅台酒市场实际零售价，约为 140 元/瓶。

003 20 世纪 90 年代，竞争激烈价格稳定

1990 年，外销 375ml 彩盒装每瓶出厂价 50 元，调拨价 56.50 元，零售价 65.20 元；外销 500ml 土漆木彩盒蜡染袋袋装珍品茅台酒，每瓶出厂价 133 元、调拨价 150 元，批发价 157.50 元，零售价 170 元。

1992 年后，**国家逐步放开茅台酒的市场价格，茅台酒厂有了一定的议价权，但仍需要逐级报批审核。**如内销 500ml 茅台酒，出厂价 66.10 元/瓶，调拨价 72 元/瓶，工厂批发价 77.70 元/瓶，工厂贸易价 85 元/瓶，产地零售价 128 元/瓶，工厂协议价 155 元/瓶，驻外公司贸易价 170 元/瓶。

1994 年，外销 500ml 每瓶 140 元，内销 500ml 每瓶 140 元；木漆珍品 230 元/瓶，纸盒珍品 500ml 每瓶 190 元。500ml（内外销）厂零售价 150 元/瓶。

1996 年，茅台酒价格体系中少了批发价、调拨价，零售价提高为 168 元/瓶。

整个 90 年代，53°茅台酒市场实际零售价 200 元/瓶左右。**其间虽有几次物价大变动，但是茅台酒没有受到大冲击。**

004 进入 21 世纪，茅台酒零售价"黄金法则"

2001 年，茅台酒 53%vol500ml 到岸价 178 元/瓶调整为 218 元/瓶。2003 年 10 月，茅台酒大幅度提价，平均提价幅度为 20%。茅台新外 500ml 公司到岸价格由 228 元/瓶调整为 268 元/瓶。

由于前期坚实的价格基础，三年间，**茅台酒出厂价上涨 50 元，市场零售价则上涨 100 元。**

2006 年 2 月 10 日起，根据市场需求，茅台酒出厂价平均上涨 14.3%，价格由新外 500ml 公司到岸价 268 元/瓶调整为 308/瓶。2007 年，根据市场需求情况，价格由新外 500ml 公司到岸价 308/瓶调整为 358/瓶。

2006 年至 2007 年，茅台酒出厂价由 308 元/瓶提高到 358 元/瓶，出厂价上涨 50 元，市场零售价则上涨 100 元。

005 2007 年至今，零售价的"过山车"与厂价的坚守

2008 年，飞天茅台酒 500ml 出厂价上调为 439 元/瓶，五星茅台酒 500ml 出厂价上调为 429 元/瓶。市场零售价 650 元/瓶。

2008 年，出厂价 438 元，零售价 650 元。2009 年，出厂价 499 元，零售价 800 元。2010 年，出厂价 563 元，零售价在 1000 元。2011 年，出厂价 619 元，年初零售价在 1200 元左右，是年底上升到 2000 元左右。

2011 年 1 月 1 日，出厂价 619 元。其时，茅台酒零售价 1200—2000 元左右。

2012 年 9 月 1 日，出厂价 819 元，零售价 2300 元左右。

昨天就是今天的历史。茅台十分强调飞天茅台价格稳定的重要性。2018 年 1 月 1 日，出厂价 969 元，如今市场指导价 1499 元/瓶。但稳不稳得住？这个有时候并非茅台所能左右。

Chapter

08

说酒·品评

　　酱香酒的"体感"，才是消费者的真正痛点。通过一段时间正确的品鉴引导，你一定会被酱酒浓烈的酒香、醇厚的酒体及优雅细腻的口感所深深折服，这也是很多消费者一旦习惯酱酒的口感后，很难再改口喝其他香型白酒的原因。

酱香"口感"你不懂我不怪你，但酱香"体感"你知道吗

2018 年 8 月 25 日，云酒头条推送了《新一轮"酱酒热"，是坚持高端还是面向大众？一文解惑》，受到热捧。

刘圣松、洪伟的"如何真正搭上'酱酒热'的顺风车"好意，我们要认真学习。但"酱香口感有障碍"，进而得出酱酒热、推广难的结论，却搞错了。

这个问题你不搞明白，无论坚持高端还是面向大众，都是白搭。

001 好产品的规律

有人进行了一场"全世界最奇特咖啡"的评选，经过多方票选，最终有七款咖啡入围。猫屎咖啡，名列榜首。

这款咖啡入围，全世界人民都没有异议。猫屎咖啡，以印尼椰子猫的粪便作为原料生产，口味真的很重。**如果以雀巢作参照，那么猫屎绝对称不上美味：涩，而且有土腥味。**

如果拿茅台酒与猫屎咖啡作比较，那么，感受也并不那么美妙。有人就是觉得茅台酒有股臭鱼味。百度贴吧里，还有人说"普茅的那股塑料味是一入口就有的，淡淡的，一直伴随着……"

猫屎咖啡是世界上最贵的咖啡之一，一小杯要价 30 美元。酱香酒呢？确实是中国白酒吨酒成本最高的酒种了。它们都有一个共同的特征：**重口味，初体验口感确实不敢恭维。**

然而，世界上的好产品都有相同的规律：初次不习惯，以后会上瘾！

002　酱酒口感是个伪命题

如同喝速溶咖啡为了提神，多数人喝白酒，目的就是买醉。

你别不承认。时间回溯 30 年，社会物资匮乏，对老百姓来说有酒就行，能醉更是好酒，所以清香风行天下；回溯 20 年，酒有得喝了，但你嫌清香酒太寡淡，于是你爱上了浓烈的浓香酒。

今天呢？你可能还没有从这个剧烈变革的社会消费中转过身来。你习惯了浓香酒的口感，初次接触酱酒就会觉得不适应。

山东、河南、河北、安徽、东北等酒风盛行的区域，大杯豪饮的饮酒习惯，更是让众多消费者对酱酒"叫苦连连"。

但是，**酱酒的口感障碍，其实是个伪命题。**

好酒，各人有各人的标准；差酒，却是异口同声。比如与酱香相比，浓香闻香刺鼻，入口爆辣，下咽刺喉，回味想吐，酒后气大。

喝了浓香酒，回到家里，老婆不让近身，孩子躲得远远的，甚至嫌你"臭"。这样的体验，你难道没有过？这样的体验，是不是很差？

没有比较，就没有伤害。没有猫屎咖啡的好，就体现不出速溶咖啡的差。

003　酱香要"淡化口感，强化体感"

清香酒曾提出，要"淡化香型，强化口感"。这是清香酒剑走偏锋。

对酱香酒来说，要"淡化口感，强化体感"，这才是扬长避短。

酱香的口感你不习惯，如同猫屎的口感你不懂是一样的道理。你不懂我的好，我不怪你。但你偏偏拿酱香的口感说事，就是扬短避长。

如果换个角度看呢，情况可能就完全不一样了。**重口味的酱香，饮后体验无人可及：不上头，不口干。这是酱酒的基础标准。即便宿醉，一觉醒来，胃不难受，神清气爽。**

　　酱香酒的"体感"，才是消费者的真正痛点。通过一段时间正确的品鉴引导，你一定会被酱酒浓烈的酒香、醇厚的酒体及优雅细腻的口感所深深折服，这也是很多消费者一旦习惯酱酒的口感后，很难再改口喝其他香型白酒的原因。

　　酱酒的最大对手是浓香，最大的敌人是自己！酱酒的体验需要一场革命。

同质化恶性竞争怎么解？建立酱香"口感壁垒"是妙招

连着几篇文章，山荣从窖酒谈到口感，从工匠精神扯到了创新……但，山荣还有些话，没有说完。所以，今天继续谈谈建立酱香酒消费者的口感壁垒问题。

001 中国白酒的同质化竞争必将持续

短期内，也就是未来三五年内，中国白酒难以出现创新性营销方式。上一轮"创新"，催生了洋河、水井坊、国窖1573和舍得。现在，一、二线的空间已经被大佬们瓜分完毕。

所以，**现在各香型品类、各区域市场、各名家厂家，干的多是以资源换市场的把戏**。除茅台一骑绝尘外，其他人的日子都不那么好过，整体利润率急速下降。

自以为春天来了的茅台镇酱香酒，其实情况也没有想象的那么乐观：除了前述困境，还面临名酒下沉带来残酷竞争——茅台酱香系列酒，2017年誓言成为茅台新的增长极。销售量目标2.6万吨，销售收入43亿元；力争3万吨，销售收入50亿元。茅台酱香系列酒作为腰部产品发力也就算了，问题是，还有技开公司、保健公司、郎酒等一帮膀大腰圆的主，把功夫下在了

"裤裆"上。

002 白酒行业的市场壁垒有哪几种形式

说重点。酒厂、酒商，自然都希望建立起强大的市场构架，并且能够构建市场壁垒，就像茅台那样。

白酒行业的市场壁垒，归根到底，不外以下几种形式：

※品牌壁垒。商标≠品牌。数以千计的茅台镇产品，就是有个奶名、乳名、小名而已。而且，你该知道，品牌壁垒的构筑成本极高，不是每一家企业都具备成为品牌的环境和基因。

※区域壁垒。如西凤在西安，衡水老白干在衡水等。你该知道，区域壁垒需要你不懈的精耕细作，在区域市场上牢牢构筑起了自己的市场防线，形成"根据地"。何况，其实那不是你的地盘。即便你认为是你的地盘，你也做不了主——你随时有可能被竞品冲破防线。

※渠道壁垒。如果说国有国酒、省有省酒、市有市酒、县有县酒的话，那么茅台镇有国酒，迄今尚无省酒，有那么几个市酒、县酒，多数只是"乡酒"甚至"村酒"。这话虽然有点刻薄，但是，你该知道，从省、市、县、乡到村，从餐饮、商超、烟酒店到团购、夜场、流通，属于你的渠道在哪儿？这点，我敢打赌茅台镇还没有人做得到。

003 茅台镇酱香酒的第四种道路在哪里

有的。那就是口感壁垒。

通过产品香型的差异化，特别是口感的个性化、小众化，在传统酱香的基础上进行细分，建立新的消费者口感壁垒是解决恶性竞争有效方式。

口感壁垒有两种方式，一是香型的壁垒。这是茅台镇人引以为豪之处，所以，人们经常说"酱香酒饮用具有不可逆转特性"（消费者接受、习惯饮用传统酱香酒后，由于口感、身体舒适度等原因，普遍不易改饮其他香型的白酒）。虽然培育周期长，但一旦形成消费者的广泛认同，将拥有大量长期的忠实消费群。而且这一认同的持续时间最长，甚至超过一线品牌所形成的品牌消费偏好。

这方面，茅台镇正在路上。但是很显然，茅台镇还有很长的路要走：有人说，茅台镇特别是数量庞杂的中小酒企中，约有80％的产品是不及格，至少是不优秀的。

二就是口感壁垒了。在香型壁垒之下，**通过口感革新、创新，让消费者适应特定的口感，进而无法接受其他品牌的产品。**这，就是酱香酒浑沙、翻沙、碎沙和串香等不同工艺的市场价值。

004　培育消费者的口感依赖，酱香酒可以

培育消费者的生理依赖或者说口感依赖，就目前的白酒市场而言，只有酱香型等小香型可以做到。浓香酒由于市场份额太大，除了进行低度化创新外，反而无法形成生理依赖，因为消费者可以选择的品牌太多了。

江小白，2017年制定并推出了"SLP"守则，颇受业内推崇：Smooth，即入口更顺，减少辣感、刺激味和苦味；Light，即清爽，低醉酒度，不易醉，不口干，饮后无负担；Pure，即指纯净，无杂香、杂味。

这里头，比如不口干、不头痛等，是茅台镇酱香酒固有的特征。但是，其他方面呢？茅台镇酱香酒的优势可能就没有那么明显了。也有企业鼓吹"柔和酱香""柔雅酱香"，但明眼人清楚，这不过是又一个市场概念而已。不一定补齐短板，但巩固长板，恐怕对大多数中小酒企来说，也非易事。

消费者的口感依赖，是消费忠诚度的最高体现。曾祖训先生曾对白酒健康的新高度——低醉酒度有过一个很形象的说法，**"醉得斯文醒得快，清心舒适又安全"。**山荣以为，这句话值得与每一位茅台镇酱香酒同仁共勉。

茅台品酒，功夫分为五层，看看你能达到第几层

不一样的武功，有着不同的境界。就是同一种武功，由于每个人的修行与悟性不一样，武功境界也是不同的。

金庸笔下的武功境界，可分为 10 种。

山荣笔下的茅台品酒功夫，大致可分为以下 5 种：

001　讲究招式，中规中矩

这是感官层面。

感官体验从倒酒就开始，摇杯；查看颜色、透明度和黏稠度；闻香，深吸气识别香气；入口品尝，体会风味；下咽或吐酒，评估其余味……

这就是感官体验的全部，但不是品酒的全部。

002　琴棋书画，皆为我用

这是典型化层面——在感官体验之外，酱香酒的一些典型化特征有助于对茅台酒的品鉴。这一点，即便是国酒的那些品评大师们也不得不承认。

从酿造酱香酒的高粱品种、地域，到以茅台酒原产地为核心的不同产地，甚至不同酿酒师的传承技艺，这些背景知识都对酱香酒的品鉴有着积极的指

导作用，有助于评判酱香酒的典型风味。

拥有这些背景知识的人，才能够将一杯酱香酒的风味，品出其来龙去脉。

003　前人所创，遗世经典

这是人文历史的层面。

对于一般的消费者来说，除了酒标上的厂家之外，根本不知道到底还有什么人参与到这款酒的酿造，更别说该酿酒家族的酿酒史或者酿酒师的个人背景了。

尽管，这些东西看似没多大影响，**但是一款没有故事的酱香酒往往味同嚼蜡，索然无味。**不同的酿酒师有着不同的酿酒哲学，不同的酿酒家族坚守不同的酿酒传统——这一点，酱香酒与葡萄酒有异曲同工之妙。

004　酒学宝典，出神入化

这是文化的层面。

以茅台酒为代表的酱香酒，"自创武功，成就一派"，这本身就是一种文化。为什么不是呢？它曾是共和国伟人的最爱，也曾是军事、外交的见证者……

如今，新兴的中产阶级们，也对它趋之若鹜。你不得不承认，时间在它们身上留下了深深的痕迹。**当你品鉴这杯酒时，其实就开始了一次文化之旅。**

005　无招胜有招

这是情绪和记忆层面。

只有心情最放松的人，才能真正体会到酱香酒的微妙。

你肯定还记得，走入社会第一次喝到茅台酒的场景，也肯定会对青春最后那场畅饮记忆犹新，没错，**这就是情绪和记忆左右着你的品鉴**，只有真正的放松和抱着对生活的热爱，你才能真正体会出酱香酒的真谛。

这是人们盲品的理由——为了要抛弃情感的影响和约束。

很多爱酒人士认为，白酒的品鉴只是个人体验而已，酱香酒的优劣完全取决于酒的香气、质感、风味及其丰满、和谐等等因素……

感官体验固然是酱香酒品鉴的核心，但是，**不能否认一个人的酱香酒知识背景、品酒时的心理状况甚至是个人经历等方面在品鉴中的作用。**

真正的酱香酒品鉴是**一个完整的故事，一个由背景知识、文化意义以及愉悦心情构成的故事**，而高粱品种、产地知识、文化、历史、美食以及情感等，仅仅是这个故事不可或缺的注脚而已。

09

说酒·工艺

　　有人说，曲虫是制曲的"密码"，是大曲发酵的微生物使者；也有人说，曲虫是制曲的"杀手"，因为它……是害虫！真相，真的是这样的吗？

茅台有一坨神奇的泥巴——酱香酒窖泥里有什么秘密

茅台镇有一坨神奇的泥巴——酱香酒的窖泥，千金不换。

但是，这窖泥里头，究竟隐藏着怎样的秘密呢？且听山荣为您道来。

好的窖池，依赖于优质的老窖泥，白酒的质量与窖泥的质量密不可分。窖泥是酱香酒生产的关键材料，是一类受人为活动影响较大的"特殊土壤"。

窖泥的化学组分是窖泥微生物生态环境和生长繁殖的重要基质，其在不同程度上影响窖泥微生物群落的组成、分布及菌群演替。窖泥的理化指标，可以衡量一个酒厂窖泥的质量。

水分含量

火星上有水吗？人类已经闹了多少年——有水就可能有生命。水分，是一切微生物生长不可缺少的物质，微生物的生化活动与窖泥含水量密切相关。

作用：窖泥的水分含量直接影响窖泥 pH、腐殖质、微生物区系及其生长状况，从而影响到窖泥的质量。

特点：酱香酒不同窖池窖泥的水分含量差异不显著；相同窖池，在第3、4和5轮不同发酵阶段，其窖泥水分含量是变化的，出现先降后升的现象，差异不显著。

pH 值

窖泥的 pH 值对白酒的产、质量起着决定性作用。

作用：适当的 pH 值，不但能促进发酵，而且还可以促进香气成分及其前体的合成。

特点：酱香酒发酵第 3 轮不同窖池窖泥的 pH 值差异显著，甚至高出约 1.2；相同窖池在第 3、4 和 5 轮不同发酵阶段，其窖泥 pH 值出现先降后升的现象，差异显著，最大 pH 值与最小 pH 值之差达 1.6。

全钾含量

土壤中，钾 99％以上都是以无机形态存在，一般分为全钾、速效钾和有效钾。土壤中各种形态的钾总是处于相对转化的平衡状态。

作用：全钾含量是土壤供钾的潜力指标，同时也是土壤风化度的一种反映。

特点：对于酱香酒的窖泥，不同窖池窖泥的全钾含量差异不明显；相同窖池在不同发酵阶段，其窖泥全钾出现逐渐下降的趋势，且下降较快，其最高含量是最低含量的 2.3 倍。

速效钾含量

窖泥中的水溶性钾和交换性钾能直接被生物吸收，称为速效钾。

作用：土壤中的速效钾，反映了土壤对生物的即时供钾水平。

特点：酱香酒不同窖池窖泥的速效钾含量差异不明显；相同窖池在不同发酵阶段，其窖泥速效钾含量出现下降的趋势，且下降趋势明显，其最高含量比最低含量高出 42％。

有效钾含量

土壤缓效钾系指土壤次生黏土矿物晶格中固定的钾，它可以逐步分解补充速效钾，是速效钾的最直接来源。

作用：土壤有效钾，是微生物所必需的无机盐类。

特点：酱香酒不同窖池窖泥，其有效钾含量差异不显著；而相同窖池在不同发酵阶段，其窖泥速效钾含量下降趋势明显，其最高含量约为最低含量的 1.4 倍。

全磷含量

作用：磷作为生态环境中的一个重要元素，土壤全磷大部分呈复杂无机矿物态。

特点：酱香酒不同窖池窖泥的全磷含量差异不明显；相同窖池在不同发酵阶段，其窖泥全磷含量出现先上升后下降的现象，变化明显。

有效磷含量

有效磷是土壤中能被微生物吸收利用的磷。

作用：有效磷是细胞核的组成成分，也是微生物生长、繁殖的必需物质。

特点：酱香酒不同窖池窖泥的有效磷含量差异不明显；相同窖池在不同发酵阶段，其窖泥有效磷含量出现先上升后下降的现象，差异明显。

全氮含量

窖泥全氮，主要来源于酒醅和窖泥功能菌所含的蛋白质、氨基氮和腐殖质。

作用：氮对窖泥微生物来说是重要的营养元素。

特点：酱香酒不同窖池窖泥的全氮含量差异不明显；相同窖池在不同发酵阶段，其窖泥全氮含量出现先下降后下上升的现象，变化较明显，其最高含量约为最低含量的 1.4 倍。

有效氮含量

作用：窖泥有效氮，指在一定时期内能够被微生物所吸收利用的氮素。它包括了窖泥中所有的无机氮和部分易分解有机质中的氮。

特点：酱香酒不同窖池窖泥的有效氮含量差异不明显；相同窖池随发酵轮次的进行，其窖泥有效氮含量出现先下降后下上升的现象，变化较显著，其最高含量约为最低含量的 1.4 倍。

腐殖质含量

腐殖质是窖泥中各种营养元素的主要来源，是窖泥微生物生物活动的产物，是外来有机质经过窖泥微生物作用后重新形成的多种有机化合物。

作用：腐殖质含量的高低可以判断窖泥的优劣，可以全面反映窖泥对微生物的营养供给能力。

特点：酱香酒不同窖池窖泥的腐殖质含量差异不明显；相同窖池随发酵轮次的进行，其窖泥腐殖质呈现不断上升的趋势，且上升较快，其最高含量高于最低含量约 50％。

铁含量

乳酸亚铁对微生物有强烈毒害作用，它是南方酒厂窖泥老化的最直接原因。

作用：铁是土壤中的微量元素，它主要是给微生物提供微量营养成分，以及参与多种生化反应。铁含量对窖泥老化有直接影响。

特点：酱香酒不同窖池窖泥的铁含量差异不显著；相同窖池随发酵轮次的进行，其窖泥铁含量先升后略降，差异不显著。

结论：不同窖池的窖泥，在水分、全钾、速效钾、有效钾、全磷、有效磷、全氮、有效氮、腐殖质和铁含量方面差异不显著，而在 pH 值上存在明显差异。

相同窖池不同发酵阶段，其窖泥的各项理化指标是变化的，且在 pH 值、全钾、速效钾、有效钾、全磷、有效磷、全氮、有效氮和腐殖质含量方面变化较显著，而在水分和铁含量方面变化不明显。

了解并运用好这些理化指标的研究，有利于进一步探索有关酱香型窖泥的质量标准，以提高产品的产量和优质品率，对促进酱香酒酿造有现实意义。

茅台的曲虫是害虫？听听酒都人怎么说

俗话说，"曲为酒之骨"。酒曲的生产，是酿造茅台镇酱香酒的一道重要工序，曲块质量的好坏，直接决定着酱香酒的出酒率和优质品率。

在酒曲制作和贮存过程中，很容易滋生一种虫子——茅台人把它叫做"曲虫"。这名称是酿酒行业所特有的。

有人说，曲虫是制曲的"密码"，是大曲发酵的微生物使者；也有人说，它是害虫。真相，真的是这样的吗？

001　曲虫是什么

曲虫究竟是什么虫？"曲虫"是一种昆虫。

但是，这种昆虫并不是只有酒厂才独有，据专家们考证，这种昆虫在大自然界普遍存在。

有心人调研了茅台镇部分酱香型白酒厂，酱香型大曲曲虫**主要构成是土耳其扁谷盗（约 85%）、咖啡豆象（约 9%）、拟赤谷盗（约 5%）**。

全国而言，由于各酒厂所处的地理位置和环境条件有所不同，曲虫种群也有一定的差异。总体上来讲，主要是土耳其扁谷盗、咖啡豆象、黄斑露尾甲、药材甲等 4 种酒曲昆虫。

茅台镇曲虫的主要爆发季节为 7 月、8 月、9 月（所以我们才要端午踩曲啊）。曲虫爆发周期为 33 天左右。老车间曲虫总量多于新车间。曲虫的数量与温度正相关，气温高曲虫多……但平均温度超过 32℃后呈反相关。

002　曲虫是害虫

酿酒行业内把危害酒曲的害虫统称为曲虫——这是专家、学者，教授、老师们的定义（说法）。

注意，专家们对曲虫的定性是"害虫"——曲虫在一般环境条件下，由于各种因素的限制，使其不能大发生，种群数量长期处于一个很低的水平，不足以造成严重的危害。酒厂丰富的食料，适宜的生活环境，使其更易显性成灾。

长期以来，人们对曲虫的认知经历了一个曲折的过程——过去经验操作，人们认为曲虫"虫生曲，曲生虫"，也就是说，大曲是依赖曲虫而发酵，而曲虫是大曲发酵过程中的必然产物，尤如"蛋生鸡，鸡生蛋"。

其实，这是人们缺乏对曲虫来龙去脉和发生规律的了解掌握导致的。

003　曲虫干了什么坏事

曲虫在白酒厂内历来就有。但是，人们以前不了解酒曲合理的贮存期，误以为酒曲贮存期越长越好，并且被曲虫蛀成千疮百孔就更好。

后来，随着对白酒厂内的酒曲害虫的调查研究，才逐渐认识到了它们对酒曲危害的严重性。对比被曲虫破坏的曲和未被曲虫破坏的曲，发现被曲虫破坏的曲不仅在质量上有重大损失，而且曲块糖化力、液化力下降达到近 30％和 50％。

这说明，曲虫不仅能够吃掉酒曲，而且还对酒曲中的各类微生物造成危害，**使酒曲的糖化力和液化力严重下降。**曲虫除了对酒曲本身产生危害，同时还严重污染了生产和生活环境，对曲库的工作人员和周边的居民造成了伤害。

茅台开启高温炙烤模式，大曲品温高达70℃，有没有搞错

经过数天阴雨准备，酒都仁怀迎来今夏高温天。比气候高温还夸张的，是茅台镇制曲车间的"曲仓"——温度一度高达40℃以上。

今天，我们来聊聊制曲温度对酱香型大曲质量的影响。

科普一下：高温大曲，是以小麦为主要原料制成的，块型较大，且含有多种菌类和酶类物质的曲块。最高制曲品温超过60℃，是酿酒的糖化发酵剂和生香剂，主要用于生产酱香型白酒。众所周知，大曲是影响酱香酒风格和酒质的重要物质基础，而温度是影响大曲质量的一个重要因素。

有人不信邪，人为采取措施提高制曲温度制备超高温大曲，**就是要"告一盘"制曲温度，对大曲的质量究竟有啥影响。**

茅台制曲，传统品温是60℃～65℃，这已经要"热死人"了，有人觉得不够，于是提高到65℃～70℃。这还不够，品温提高到65℃～70℃后，使超高温大曲在培养过程中的最高品温达到70℃。

结果，令人意外：

①**超高温大曲比普通高温大曲色泽深，酱香、焦香突出，香味更加浓郁。**这是因为，在超高温大曲制备过程中，在第一次翻曲时的高温曲酱香形成期，制曲品温高为65℃～70℃，高温有利于化学、生物化学和褐变反应的进行，生成大量的香味物质和色素物质。

②高温有利于细菌大量繁殖，主要有嗜热芽孢杆菌，其大都属于孢囊不膨大，菌体直径小于 0.9 艴的枯草杆菌群、地衣芽孢杆菌（总之各种菌）……**这些微生物能分泌较高活力的蛋白质水解酶，能水解曲中蛋白质和肽类为氨基酸，为酱香和焦香的形成提供前体物质，从而使得超高温大曲感官指标的典型性突出。**

③普通高温大曲的制曲品温一般在 60℃～65℃，温度降低影响到化学、生物化学和褐变反应的顺利进行，以及耐高温微生物的繁殖和代谢，生成的香味物质和色素物质减少，从而使得普通高温大曲感官指标的典型性不明显。

但是，超高温曲水分、酸度、液化力变化不大，**而糖化力和酯化力下降明显**。这是因为——超高温制曲使得大曲中很多不耐热的微生物大量死亡，从而影响到微生物分泌的酶系及代谢产物的组成。

内行都懂的——超高温大曲的主要作用是生香。把制曲过程中积累的酱香物质或酱香前体物质，带入酒中。通过堆积和发酵，为最终生成酱香型酒主体香奠定基础。**这就使得超高温大曲比普通高温大曲的曲香更幽雅，酱香风味更突出——酒香四溢，让人忍不住流口水。**

而且，超高温大曲的蛋白酶含量和微生物菌群数，均要高于普通高温大曲。超高温大曲的代谢产物种类和数量也比较多。

酒质口感比较做实验，我是认真的：分别以超高温大曲和普通高温大曲酿造的酱香酒，对其 1～7 轮次酒进行感官质量评定和比较，结果表明：

超高温大曲酿造的白酒，**酒质更加醇和，酱香更加幽雅，香味更丰富。**这是因为超高温制曲加速了化学、生物化学、褐变反应的发生与进行，**曲中生成了众多的香味物质和色素物质。**

这些物质，作为酱香酒酿造过程中微生物发酵的底物，或直接作为白酒的风味物质组成（如由美拉德反应所产生的二羟基化合物、糠醛类、酮醛类、吡喃类及吡嗪类等杂环化合物），对于酱香型酒风格的形成起着决定性的作用。

超高温大曲酿造的酱香酒，经色谱分析表明，乙醛、正丙醛、甲酸乙酯、乙酸乙酯、乙缩醛、2－丁酮、丁酸乙酯等成分均显著高于普通高温曲。特别是乙酸乙酯、3－羟基丁酮、三甲基吡嗪、乙酸等的含量更是远高于普通高温曲。

因此，超高温大曲酿造酒的酒质口感明显提高，酱香风格更加突出。

结论：采取各种技术措施，将制曲品温由传统的 60℃～65℃ 提高为 65℃～70℃，使成品曲为黑褐色，横断面主要呈褐色或深褐色，酱香、焦香突出，曲香、酱香馥郁味浓，从而提高了大曲感官质量。

这种超高温大曲的糖化力和酯化力明显低于普通高温大曲，成品曲中含有丰富的蛋白酶和微生物代谢产物，酿造的酱香酒酒质醇厚，酱香突出，香气幽雅，回味悠长。

茅台大曲季节性生产夸大其词？夏季踩曲真的比冬季更好吗

以前，说书先生愿意到村里来。他们是穿长衫的。

说书先生用自己的声音表演着一个个故事，把台下的听众带进前尘往事，在别人的悲欢离合里体会着各自的人生。

今天，山荣愿意用文字记述酱香酒的悲欢离合。山荣用自己的汗水，讲述着一个个酱香酒故事，把粉丝们带进美酒生活，在微醺的酱香里体会着各自的人生。

001　俗话说：曲乃酒之骨

虽然，茅台镇知道这句话、现在还说这句话的，其实不多。

你不懂我，我不怪你。对于酱香型白酒来说，高温大曲是决定白酒风格质量的关键，而高温大曲质量与曲药生产季节有很大的相关性。

茅台镇大曲的生产，有夏季曲（5～10月）、冬季曲（11～4月）之分。你知道，高温曲生产与季节有重要关系——这在理论上，是与大曲中所含微生物的生长特性分不开的。

但是，今天要说的是，从生产实践和生产经验上，说明生产的季节性对于曲药的质量与所产酒质，确实有密不可分的联系。究竟有什么关系？且听我慢慢道来。

002　科学，果然不是闹着玩的

人们选取大体相同位置的 10 间曲仓，在保证相关条件基本一致的情况下，在不同的两个季节制作高温大曲，并对其入库曲进行曲质检测。

同时，根据试验仓的不同季节曲药设置了相对应的 10 口窖池，在大致相同的生产环境下，对这 10 口窖池 2 个不同季节的曲药所生产的酒中，选取大宗酒（3～7 次酒），请专业品评人员对相对应的酒体进行品评鉴别。

结果让人眼前一亮：**夏季曲，不管是从外观还是从香味上，都要比冬季曲药的质量好。**在优质曲的比例上，也是夏季生产曲药要好得多。夏季和冬季高温大曲的水分、酸度、糖化力等指标均合格，**但冬季入仓的大曲偶有杂菌，酱香味略差。**数据显示：

	夏季高温大曲	冬季高温大曲
平均水分	约 11%	14.1%
酸度	2.1mmol/10g 左右	1.2mmol/10g 左右
糖化力	107mg/g·h	139mg/g·h

小结：夏季温度在 30℃ 左右，以一级、二级为主，少量三级曲；冬季曲，少量高温曲水分超标，酸度偏低，质量以二级、三级为主，且呈白色较多，曲药质量风格较差。

003　高温夏天＋高温工艺＋高温妹子＝高温大曲

不同季节所生产的高温大曲，产酒情况也大不一样：

夏季曲和冬季曲在酱香酒的生产过程中，产量上并无不同。但是，在酒质上，特别是在酱香酒的外在表现形式上——**香气确有明显差别**。夏季生产的酱香酒的香味明显优于冬季曲，在口感上的差别也很明显。

那么，问题来了——夏季与冬季相比：入仓温度高，温度变化幅度大（夏 10℃/冬 5℃），温度变化时间较长。仓内大曲由于温度变化幅度大，温度变化时间较长，水分挥发快，更有利于大曲中无芽孢的生酸细菌在干燥环境中优胜劣汰，**从而使大曲的微生物得到纯化**（会繁殖更多的杂菌），**更好弱化微生物及酶的生命代谢活动，同时促进大曲进一步"老熟"，形成更丰富的特殊曲香味**。

结论：根据酿酒车间的生产需求，结合大曲生产工艺和大曲贮存周期，有计划地调节大曲的生产时间，原则为夏季多生产，冬季少生产或不生产为佳。

"出酒率"，酱香酒厂的"七寸之痛"

2016年12月26日，一篇公众号文章报道首届遵义酒业酿酒大师陈勇时说："在2015年度的生产中实现出酒率70.48%，2016年度实现出酒率70.78%，超计划11.78个百分点……"

不少人对"70.78%的出酒率"表示困惑或不解。那么，且听山荣说道说道：

001 "七寸之痛"的出酒率

说起白酒，人们会自然意识到"酒是粮食精"。准确地讲，酒是用粮食经发酵、酿造、蒸馏而形成的一种特殊产品。传统的名优酒、大曲酒乃至各种麸曲酒，都要依赖优质的粮食、谷物等原料生产。

2015年，全国白酒折65度商品量为1312.80千万升。可想而知，每年耗粮之巨大。幸亏有现代农业作支撑，否则，"代用品酒"时代可能要"重返"了，想买酒，就得去找相关部门开批条了。

可见，如何节省酿酒用粮，从生产制造过程中提高出酒率，成为白酒行业的现实问题。一个酒厂的出酒率高低，可以说反映了该企业生产管理水平和酿酒工人技术水平的高低。

从"烟台试点"到"永川试点"，以及在全国遍推广的"UV—11"、

"UV—48"等糖化菌种，20世纪八九年代用高活性干酵母替代传统酒母等等，这一系列的新工艺、新操作和新菌种的应用，目的都是为了提高质量和降低消耗，提高出酒率。

如今，社会经济环境可以说发生了质的变化。但对白酒企业自身来说，只要你在酿酒，那么为实现节能降耗、降低产品成本，让有限的粮耗酿出更多更好白酒，将是企业永恒的主题和落脚点。

002 令人不解的出酒率

山荣曾经说过，茅台镇酱香酒领域80％的老板其实不懂酒。这话的背景是一些酒老板对酿酒技术原本不甚了了，在资本的裹挟和市场的压力下更是过问少甚至不过问。更有甚者，说他是外行也不为过。

而技术层面，酿酒师傅的培育跟不上产业迅猛发展的步伐。而且，潜心研究、课题攻关的技术人员，打着灯笼数来数去还是那几个。**一线操作，更是"好汉不愿干，懒汉干不了"**。

回到出酒率，这是直接影响酒厂单位产品成本的重要因素。出于成本的考虑，酒老板自然是十分重视的。问题是，产量与质量的矛盾好像从来就没有真正"平衡"过——以茅台为标杆，划不来！以其他酒厂为参照，搞不懂！

所以，陈勇师傅"70.78％的出酒率"，才会令一些人感到困惑不解。

003 你该了解的出酒率

单从出酒率角度，经实践验证得知：用同一种原料，在同工艺条件下，出酒率与发酵环境（窖、池）有一定关系；与用曲类别（大曲）及使用量有一定关系；与工艺操作中粮醅比例有一定关系。

通过技术管理，可以使出酒率提高，且不需要额外投入。恰恰相反，会让有限的粮食产更多的酒，实现节粮降耗的目标。

有些人要问了，出酒率提高到一定水平也是有一定极限的。对！本来就应该做到这个极限（大多数企业往往做不到这个极限），才是物尽其用、挖潜降耗。

还有一种疑问，即出酒率上去了是否会影响产品质量？山荣认为，等量投入而出酒率提高，属于工艺设计合理、技术参数科学、操作得当、发酵正常的结果。因此，对任何香型白酒来讲，质量和出酒率不应是矛盾的。

无论酒厂规模大小，重视并把出酒率抓上去，是一项投入少、回报高的工作。而且，这有利于促进企业技术进步，提高一线工人的整体技术素质，更是为国家和企业减少粮耗既简单又有效的方法，可谓利国、利企、利民。

Chapter

10

说酒·实验

　　洞藏酒、酒糟酒们，有没有耐心和意愿，停一停，**打造属于自己的IP？哪怕每个茅台人，只要拿出身份证，在酱香酒行业就是一个IP**——前提是你不是"李鬼"，你用你的言行来证明，你很"靠谱"。

卖酒只是顺带的结果？这篇文章给你答案

先讲故事。

167 年前发生的一件事，改变了茅台的历史：

一个叫杨龙喜的桐梓"协警"（杨曾任贵州省桐梓县衙总役），带领一帮农民在桐梓九坝场揭竿而起。

朝廷慌了神。四川总督随即派兵进剿。1854 年，"十二月川军进攻仁怀，村寨夷为废墟，茅台镇几十家酒坊皆毁于兵燹，茅台酒生产一度中断。"

究竟是当时的官军还是匪军毁掉了茅台，已不得而知。"几十家酒坊"的痕迹，自此湮灭在了历史烟云中。

当年的"几十家酒坊"，今天看去，是一笔多么宝贵的财富啊！ 可以想象，盐来酒往的茅台，当年断不止三两家酒坊的。8 年后，盐商华联辉购得一处酒坊旧址，才算把茅台的"酒脉"续上。

从今天上溯 200 年，茅台镇有史可考的人和事，屈指可数。

那些动辄"三皇五帝"的名堂，你权且当故事听吧。但以下这些，却都是实实在在，白纸黑字记录着的：

农民起义的烽火遍燃仁怀，在仁怀"县立中学"怀阳书院教书的陈于逵，回到茅台中华嘴，组织、训练士兵，保境安民。

1864 年，起义军首领唐兴和率部攻打茅台镇。陈于逵率众渡过赤水河，到四川百家寨据险而守。起义军突击队西渡赤水河，包抄偷袭，陈于逵被俘。

唐陈二人都是中华嘴人。所以，唐兴和以地邻乡党情谊，劝陈于逵投降，遭拒。唐又诱其作降书，陈也不予理睬。唐怒，令杀。命跪，陈大呼：我的膝盖怎可以跪你这个毛贼（吾膝岂跪毛贼耶）？

陈于逵，是茅台镇历史上第一个，也是唯一一个被列入《贵州通志》的人物。

2016 年夏天，我和江南大学郭旭博士一道，去到陈于逵的老家——茅台德庄。

茅台德庄是地名，位于茅台镇太平村，也是贵州省、遵义市、仁怀市三级文物保护单位。它由德庄三合院、石院墓、圣旨墓组成。

爬上德庄的山坡，刚建成的茅台酒厂新车间一览无余。我们穿行在茂密的苞谷林中，找到了陈于逵墓。因墓顶嵌清光绪六年十月皇帝所下"圣旨"匾额，当地人称圣旨墓。居中书清光绪帝题"忠烈永垂"，中横额书"旌表拔贡陈于逵忠贞"。

回到德庄三合院，歇凉、喝茶、啃苞谷棒子。再见到三合院大门门楣上高悬的象征功名的"火焰匾"，我一时兴起，提出：这座曾经被皇家圣旨旌表、名臣作序的文物群，承载了茅台镇悠久的历史文化信息，具有厚重的文化、旅游、经济价值。

为此，我建议屋主、陈于逵后人：不如以三合院为基础，兴建一间书屋，或者索性放眼赤水河，成立赤水河流域地情资料馆。

2018 年 6 月 16 日，距端午还有两天，但茅台镇还不太热。

端午的茅台镇，是要趁着天热踩曲的。

我和一帮人，吃三约五，没去茅台，却去了坛厂。去的也不是酒厂，而是书屋。

这帮人中，有原《仁怀报》总编辑陈富强，仁怀市作协主席李利维，以及作家张富杰、李光华、李春梅、骆科森、王洒、杨永刚、赵奎、高永践、伍成涛、崔政、仇聪等等。

书屋名叫"德庄书屋"。2016年我的建议，陈于遑后人采纳了。历时二年，终于建成，蔚为壮观。

开会时，**我在发言中将"德庄书屋"界定为"企业家藏书先河"、"赤水河地情宝库"，并建议以此为基础，打造"酒文化研究平台"，培育"文企互动的案例"。**

说到这里，你或许已经知道我说的是什么了：德庄书屋，位于贵州怀庄酒业集团公司仁怀经开区坛厂配套区内，由其董事长、陈于遑后人陈果先生创办。

我这人本不善饮，饮少辄醉。但那天，我可能还是喝多了。

散场后，我酣睡了两个小时。一觉醒来，神清气爽。

最近一段时间，人们乐于和我探讨茅台镇的模式。

大体而言，国台、钓鱼台之后，茅台镇流行"扩产能"；酣客、肆拾玖坊之后，茅台镇盛行"玩模式"。

但是，我负责任地讲：**虽然改革开放40周年了，但茅台镇并没有什么商业模式可言。**

比如，作为茅台镇建厂最早的民营酿酒企业，已经年近不惑的怀庄，其创始掌舵人陈果，开口闭口，几乎是不提酿酒卖酒的。

他编书，"人文茅台"系列丛书，迄今已编到近20辑。他建书屋，矢志成为"赤水河流域地情资料中心"。他喜欢和文人打交道，这次端午之约，就是应他邀请，由作家李光华组织的。

2012年，他斥资28万元，订购了一套《清代诗文集汇编》，共800册，赠送给仁怀图书馆。2004年，他因为读了我在校园里弹尽粮绝写下的《除了坚强我别无选择》，资助了我500元……

在茅台镇乃至贵州酒业，陈果向来都是特立独行的存在。

40年的时间，还不足以塑造茅台镇民营经济的文化基因。**如果没有更多的"陈果"在这片醇香的土地上行走，任何高大上的商业模式，也没什么用！**

因为，文化之上，卖酒只是顺带的结果。

原来茅台镇最会讲故事的是他

经常有人通过各种关系找到我，要我为他的酱酒产品"编个故事"。

不是山荣谦虚，我真编不来故事。但是，我确实知道，故事该怎么讲。

比如，这家酒厂，可能是茅台镇最会讲故事的。

001 "怒掷酒瓶振国威"的故事是假的吗

茅台人是中国最会讲故事的酿酒人。

"怒掷酒瓶振国威"的故事，堪称经典，应该入选"中国酒故事会"。

但是，我多次说过：周山荣负责任地讲，这个故事有可能是假的。

故事就是故事，真假有时并不重要。重要的是，为什么"怒掷酒瓶振国威"的故事流传开来了呢？今天说到这里，要说就把事情说透彻：

20世纪80年代初，改革春风吹满地，中国人民真争气。国门打开后，人们恍然发现"月亮都是西方的圆"。这个时候，"怒掷酒瓶振国威"，一"怒"，让人很痛，钻心的痛！一"掷"，让人很爽，超级的爽！

用今天的话来说，这个故事不光找到了"痛点"，还撸到了"爽点"。更关键的是，**它迎合的是一个10多亿人口的民族，特定历史时期的民族自豪感和自尊心。**

于是，这个故事"播传"开来（注意：不是传播）：每一个喝到那瓶的人，很"爽"，会讲一遍"摔酒瓶"的故事；每一个听到那个故事的人，很"痛"，必定会把"摔酒瓶"的故事复述一遍。

002 江湖仍有新事，你我再无故事

"怒掷酒瓶振国威"之后，茅台镇再无故事。

好品牌配好故事。但是，你的酒故事就是流传不起来。不光流传不起来，**你的酒故事只有两个人感兴趣：一个是你，一个是编故事的人。**

中国白酒故事，挖祖坟、三皇五帝的故事多不甚数。问题是，你的祖宗三代，跟消费者有什么关系啊。

江湖仍有新事，你我再无故事。在卖酒人想象力枯竭的时候，一个卖橙子的讲了一位老人老当益壮的悲壮故事。于是，褚橙将千千万万的橙子甩开不知几条街。

世间唯有情动人。故事离不开人，人离不开情。因为我们记住人不容易，但是，要记住一件有趣的事情就容易得多。比如，你手机通讯录虽然有上千人，但能交往、能记住的人，不过 150 人而已。

因此，不管市场如何迭代，故事营销仍有魔力。所不同的是，**人在故事中存在，品牌在故事中升华。**

2012 年发"酒疯"的时候，茅台镇遍地是钱。有人出钱找我合伙，办个酒厂，我毫不犹豫地拒绝了——我卖酒文化，不卖酒。

这是我在酱酒江湖里厮混，遭遇的第一个考验。我说出来，你可能不相信，甚至觉得我脑袋进水了。信不信由你，我想告诉你：**讲故事，没有"事故"，哪来的故事呢？**

003 原来最会讲故事的茅台镇酒厂是它

好故事不一定是"经得起推敲的"。

比如，老干妈陶华碧死活就是不上市的故事。其实，由于辣椒酱的属性

以及老干妈的现金流等因素，她还真没必要上市，给自己添堵。

又比如，茅台镇的酿酒历史是足够悠久的。茅台酒说，源于商周，始于秦汉，熟于唐宋，精于明清，兴于近代，盛于当代。

然而，谁来"印证"这个发展脉络和历史事实呢？

风土咨询胡传枫的《酱酒热潮正在不断放大宋代官窖的六大价值》刷屏了。胡传枫的写法虽然套路，但是，他让我发现：酒中酒，也许是茅台镇最会讲故事的企业。

众所周知，茅台镇酿酒历史，有文物佐证的，最早可追溯到商周，有文献依据的，可以追溯到西汉。《史记》载"唐蒙取酒奔鳛部，武帝盛赞甘美之"。

宋代官窖是迄今为止发现的中国最早的酿酒古窖池遗址，证实了茅台镇酿酒技艺在宋代已经鼎盛发展。

故事有点老套。你可以不喜欢它，但是，你却不能否认它。

谁让你讲道理了？故事营销的实践告诉我们：谁跟消费者讲道理，没用，没人听。

每个人，大人、小孩都不喜欢被讲道理。小孩喜欢听讲故事，大人喜欢传播故事。男人操心国家大事，女人热议闺蜜绯闻，小孩交流游戏心得。

这就是讲故事的诀窍！这就是宋代官窖"茅台镇两大有故事的酒"的底气！

酱香白酒"两大"的名堂究竟在哪里？你应该知道

郎酒高喊"中国两大酱香白酒之一"！外行人好奇另外一"大"是什么，内行人却佩服这一"大"的胆子。何出此言呢？酱香白酒"两大"，大有名堂。

001　酱香时代来啦

我这么说，一个印证就是：不光是茅台，就是第二梯队的兄弟们也在频频发力。

比如，郎酒继续轰轰烈烈，疯狂砸钱，喊响"中国两大酱香白酒之一"的口号。在航班读物，在电视荧屏，在户外广告，都能看到它的叫喊声。

据说，汪俊林曾经强调，成功进行 2017 年郎酒之"变"后，"稳"是 2018 年郎酒发展的主题，青花郎要以品质制胜，要在稳中求进。

最近一段时间，经常听茅台镇酒圈的人说起"中国两大酱香白酒之一"。我咋就没有想到呢？这也太简单了，这也太厉害了……艳羡之情，溢于言表。

虽然，就目前来说，中国白酒行业至今还没有出现过能同时在浓香和酱香上皆建树的企业，但是，"两大"的野心你我皆知。

002　你知道"两大"的野心，又能怎么样

举个例子，你是"汪俊林"，你可能会说"我是'茅台隔壁的酒'"。

这话侵犯了茅台的权益，有蹭"茅台"名头的嫌疑，你只能口头说说。口口相传，一年你能说多少？即便说上一万遍——你却被拆穿了。结果就是：无用！

现在，你该知道"两大"的妙处和郎酒的牛逼之处了吧。

但是，我要告诉你，其实还有"两大"，一是习酒，一是国台，早早对此布局，也对"两大"虎视眈眈。

2018 年年初，习酒、国台不约而同地登陆央视，一个请陈道明代言，一个请唐国强出镜。在我看来，他们与其是在"广而告之"，不如说是"站坑""两大"。

要问哪"两大"，我说出来，你就觉得不稀奇了：**习酒站位"茅台集团两大品牌之一"；国台站位"茅台镇两大品牌之一"。**

不怕跑得慢，就怕你睡着的时候，别人还在奔跑……

003　那么问题来了，"茅台镇两大有故事的酒"你听说过没

没听说过没关系，我现在告诉你：1984 年 7 月，仁怀县中枢区紫云乡向阳大队新街生产队的农民，暴雨后在责任田里发现了冲刷出来的石缸、石窖等物。

2008 年，酒中酒集团旗下公司在当地动工兴建酱香酒生产基地。得知消息，果断决定对其进行保护和开发利用。随后，考古专家三赴现场，其中包括国窖 1573 的鉴定人、四川省考古研究院院长高大伦等人。

在王子今、杨林、高大伦、安娜·唐布里克尔 4 人联合签署的鉴定意见书上，这样写着："我们初步认为这是一处宋代晚期的物质文化遗存，是探讨、研究该地区文化、酿酒工艺等难得的实物性资料，具有十分重要的价值意义。"

这就是"茅台镇两大有故事的酒"的由来。你没听说过?没关系,不等于别人没有听说。也许时间到了,你就听说了。

从"甘美之"到"怒掷酒瓶振国威",再到"酿酒池中洗脚来",以及"开国第一宴",从微生物到红缨子糯高粱,再到赤水河水……

"自古深情留不住,唯有故事得人心"。中国酱香白酒,把故事讲好了的只有茅台酒。

但是,**现在有了另一个品牌,它叫"宋代官窑"**;有了另一个故事,它叫"两大故事";有了另一种尝试,"站坑比竞争更重要"。

写在最后

新食品杂志出版人李强,在"李不强说"中说:

"茅台的成功给我们一个启示:白酒要讲好自己的'中国故事'就必须改变过去那种宏大叙事的风格,从产区入手,讲消费者听得懂、愿意听、听了信并且能够参与其中去体验和感受的好故事。"

富贵的人，喝富贵的酒。干杯吧，朋友

2018 年 8 月 8 日，2018 中国高端酒展览会在济南启幕。

从茅台飞到济南，下车伊始，大酒侍候。但是，这酒不是用"酒杯"喝，而是用"水杯"喝。

山东用"水杯喝酒"，全国人民都知道。只是，作为茅台人，喝酒用惯了茅台酒杯，对茶缸般的水杯，确切地说是山东酒杯，闻讯即提高警惕，进入战备状态。众人似乎血脉贲张，空气中都充盈着战前的紧张气氛。

酒场合嘛，尤其是山东的酒场合，茅台人绝对不能认怂。

上了桌子，我心里便犯嘀咕，眼里便冒迷糊。我敢打赌，除了久经考验的仁怀市酒业专家委员会那些大师们、同行们，底气十足的人不超过三个。

不是山荣无能，而是山东大哥们酒量实在大。何况用水杯喝酒，真是做不到啊！鸭子死了嘴壳硬的事，还是让别人去硬吧。

于是，山荣脚底抹油，溜之大吉。

这次展会，名曰"高端酒展览会"。

据说，"中国两大酱香白酒之一"也参加"高端酒展览会"了。甚至有媒体报道"当 2018 济南中酒展遇上高端白酒青花郎，当高端遇见高端……"

当然，还有祭起"下一个十年：黄金产区"的仁怀酱香酒展团。国台、钓鱼台、酒中酒、金酱、无忧等等，这些立志"为茅台长膘"的酱香次高端品牌，悉数到场。

可见，高端酒展，名不虚传。但我纠结的是，你都高端了，还用水杯喝酒，这"高端"得起来吗？

东北旧俗，"大碗白酒轮着喝"。这个好理解，东北粮多，浓香清香，"酒是粮食精"，稀罕货呀，大碗喝，才爽快。而且，东北天冷，喝酒御寒，轮着来，更妥贴。

在山东，在河南，在神州大地，处处现在都还用水杯喝酒，我恁是理解不了。你不是说"消费升级"了么？**既不是喝啤酒，也不是喝二锅头，为什么非得大杯喝，相互伤害呢？一口一个"小钢炮"，既没品位，更没仪式感，怎么"高端"？大碗喝酱香，不是暴殄天物嘛。**

高端酒，大杯喝，哪儿高端了？

我就是这么想的。不是为自己的酒量辩解，而是为高贵的酱香鸣冤。

剧情，就在"高端酒展"上有了神转折：8 月 9 日，禧悦东方大酒店。"宋代官窖高端酱香品鉴会"在这里举行。

来自五湖四海的"酱粉"们齐聚一堂，品饮宋代官窖酒。有用茶杯喝的，有用水杯喝的，当然，更多是茅台小酒杯喝的——这是酱香普及、酱香认知升级的一大功劳。

宋代官窖酒的瓶盖拧下以后，平放在桌上。方方正正，形如宋代官帽。倒置以后，外方内圆。倒酒入内，仅约 8 毫升（与茅台酒杯相当）。

官帽代表"贵"，酱酒象征"富"。酱香酒，小杯喝，更讲究。官窖酒，官帽喝，才富贵。

举杯敬酒："富贵的人，喝富贵的酒。干杯！"

你喝不喝？你服不服？

茅台酒师们拜师学艺都有哪些内幕细节

先说个事情：

李兴发，酱酒人都知道。他的传奇，于白酒而言，怎么说都不为过。

2000 年 8 月 13 日，大师仙逝。2002 年，茅台酒厂在中国酒文化城塑立李兴发石雕像。15 年来，李兴发大师的雕像前总是鲜花不断。

原来，大师生前的徒子徒孙们有一个不成文的规矩：不管什么原因去到中国酒文化城，都必须备上一束鲜花，敬献给师父、师爷爷。

这，其实就是酱香酒工艺传承最鲜活的范本。

李兴发的师父，又是谁？

《中国贵州茅台酒厂有限责任公司志》记载："选中了青年工人李兴发做徒弟，耐心传授技艺，无所保留。后来李兴发成为新一代酿酒大师。"这个人，名叫郑义兴。

李兴发的弟子，都有谁？

李兴发的弟子不止一个，茅台有"八仙"之说。国台酒业公司副总经理徐强正是八仙之一。关于徐强，官方的说法，他是国家一级品酒师、勾调大师。民间的说法，他是李兴发大师的"嫡传弟子"。

再说个事情：

学酱香酒，是需要师傅直接传授的。可是，明师有限、机缘有限。

11月28日，徐强在家中收徒弟了。如今，徐强的弟子也不止一个，贵州金瓦房酒业有限公司董事长赵文灯是其中之一。

拜师仪式开始，徐强向师父李兴发画像三跪九叩，禀告收徒。入座后，赵文灯面向师爷、师父宣读拜师帖，行拜师礼。徐强夫妇封赠，并在拜师帖上签字盖章。礼成。

在茅台，拜师有讲究：

作为传统的手工业，酒师们拜师必须有人担任引师、保师和代师。

所谓引师是将徒弟引荐给即将收徒的师父；保师就是要向师父及观众保证徒弟的人品；代师是由于某种原因师父无法继续传授技艺给徒弟时，可由代师来代替师父。

过去，师父收徒弟要立字据，师徒双方在字据里约定好弟子学艺期限。拜师必须有入门仪式即"摆知"，即宴请行内长辈及曲艺界名人，徒弟要向师爷、师父、师娘、引师、保师、代师等行叩头礼。

茅台镇发现恐龙足迹，是真的吗？难道恐龙会酿酒

2018 年 8 月 10 日，中美德足迹考察队的专家学者宣布：茅台镇发现了恐龙。

不是整个恐龙，是恐龙脚板印。

不是看到恐龙踩出来的，是它们亿万年前踩的。

……

难道恐龙会酿酒？

可能茅台镇的酿酒人会这么想。

当然，也有人怀疑这会不会又是某个酒厂的套路？

那么，且听山荣慢慢为你道来。

001 专家来了

2018 年 8 月 11 日，仁怀市茅台镇岩滩村一家酒厂内岩壁上的近一两百枚印痕，被权威专家现场确认系恐龙足迹化石，形成于大约 1.7 亿年前。

前来茅台镇恐龙足迹化石现场进行科学考察的，分别是中国地质大学的副教授邢立达博士以及自贡恐龙博物馆研究员彭光照。

研究古生物的人很多，但研究恐龙足迹的专家，据说全球也就那么几十个人。那么，邢立达、彭光照是什么来头呢？

上海自然博物馆对邢立达的介绍是古生物学者、科普作家，任教于中国地质大学（北京）。高中时期便创建中国大陆第一个恐龙网站。师从著名古生物学家 Philip J.Currie 院士（侏罗纪公园主角原型）、徐星博士和张建平教授。美国国家地理学会驻会探险家发现全球首例琥珀中的古鸟。

彭光照呢？也是国内知名的恐龙研究学者，著有《中国古脊椎动物志》[第二卷两栖类爬行类鸟类第五册（总第九册）鸟臀类恐龙]、《自贡地区侏罗纪恐龙动物群》，是四川省有突出贡献的优秀专家

重要的是，他们两人都是国家古生物化石专家委员会委员。

喝酒你得相信酿酒师这样的专家。古生物，尤其是恐龙，我们也只能相信专家了。

002　酒厂没话说

既然是化石，存在肯定不止一天了。

早不发现，晚不发现，偏偏这个时候发现？

发现恐龙足迹化石的这家酒厂，位于赤水河旅游公路旁，规模还不小。

山荣到现场看了，其实就是一片山坡的内岩壁上，裸露出的深浅不一的若干印痕。如果不是别人告诉你这和恐龙有关，没人会想到这是恐龙足迹。

原来，2013 年这家酒厂搞建设，在处理厂房后的堡坎时，发现了一段分布着许多印痕的岩壁。因为分布印痕的岩壁有美感，且没有垮塌危险，工厂决定原状保留。

2017 年 7 月 21 日，媒体报道习水县同民镇境内发现恐龙足迹化石后，酒厂员工联想到崖壁上的印痕。于是，他对比图片后，越来越怀疑这些印痕与恐龙有关。于是拍了照片，通过网络联系上中国地质大学（北京）的邢立达博士。邢立达博士认为，确实疑似恐龙足迹化石。

随后，这家酒厂向地方政府报告，请求依照有关法律和政策规定，及时转报有关主管部门备案，并请求全程介入、现场监督科学考察过程。报告称："对疑似恐龙足迹化石，我司将一如既往妥为管护，避免损毁和人为干扰。对考察活动及其结论，我司不持任何主观意向。如专家组考察后认为具有科研

价值，请求有关部门重视这一资源，及时报告国土资源部与国家古生物化石专家委员会，采取进一步保护措施。"

003　恐龙足迹有什么用

在国家文物局公布的《中国世界文化遗产预备名单》中，有剑南春天益老号酒坊遗址、泸州老窖窖池群、李渡烧酒作坊遗址等五处中国白酒酿造古遗址。

但是，酒厂发现各种稀奇古怪的文物遗迹却不止这五处。当然，发现恐龙足迹化石，肯定是第一次。

这也难怪，你会想到"难道恐龙会酿酒"。不止你，很多人乃至政府官员，恐怕也是这么想的。

目前，这家酒厂已通过仁怀市相关部门，向国土部门报告（这事不归文物部门，国家古生物化石专家委员会委员隶属于国土资源部），争取尽快得到更高层面学术机构的权威鉴定。

作为曾经的地球霸主，恐龙留下的足迹其实有限。国内目前发现的恐龙足迹，主要集中在四川、贵州、内蒙和山东等地。

对酒厂而言，无论是作为话题噱头还是流量入口，这一发现的商业意义不言自明。但是，如果能够"大胆假设，小心求证"，茅台镇恐龙足迹化石得以确认，其社会经济价值不可估量。

近日，浙江义乌亦发现疑似恐龙足迹化石。随后，由浙江自然博物馆牵头，40多位来自美国、阿根廷、葡萄牙等国的恐龙专家惊喜奔赴现场进行科学考察。媒体报道称，义乌市政府对古生物化石的保护利用十分重视，计划在化石产地规划一座恐龙足迹公园，对外开放。

004 山荣的发现

面对 1.7 亿年的时光，人类只是长河中的一颗沙粒。

所以，茅台镇恐龙足迹化石，对你和我来说并没有什么用。最多带着小孩去看看，露个营，告诉他这就是地球霸主的足印，仅此而已。

对酒厂而言，任你怎么说，反正恐龙不会酿酒。

但是，对科学家、对人类，谁的脚印最稀罕？恐龙！

人们可以从恐龙的足迹化石中读出很多东西，包括恐龙的生活方式，从恐龙到鸟类的演化历程，甚至是大陆漂移的证据。

恐龙足迹是恐龙研究的一个新分支，它是由恐龙脚丫儿"踏"出来的化石，有着恐龙骨骼化石无法替代的作用。看到恐龙的脚印，便能判断它的身高、体重、行走姿态、生活习性……

根据这些足迹，可以复原出当时的环境哦。原来当时的茅台镇，竟然是这个样子的。

所以，**让科学的归于科学，让酿酒的回去酿酒，让看热闹的，继续看热闹**。

相关链接：重庆莲花堡寨，发现了保存极好的恐龙足迹。南宋末年，当地村民发现这些神秘印记不知道是什么，形似莲花，便认为出现神迹，并没有破坏它们，所以我们现在才能看到这么完整的足迹。

甘肃刘家峡，发现了中国最大的恐龙脚印，长约 1.8 米。在那里，还有十几个伶盗龙的足迹，奇怪的是，与电影中的伶盗龙不同，这些真实存在过的恐龙都是独来独往，没有协同作战。

内蒙古鄂托克旗，研究者发现一行间距（步距）很大的行迹，根据公式计算，这只恐龙的奔跑速度能够达到 12 米每秒，比刘翔跑得还快。

茅台镇恐龙足迹。据专家说，"具有世界性的对比意义"。

说酒·杂谈

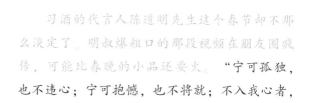

　　习酒的代言人陈道明先生这个春节却不那么淡定了。明叔爆粗口的那段视频在朋友圈疯传，可能比春晚的小品还要火。"宁可孤独，也不违心；宁可抱憾，也不将就；不入我心者，不屑以敷衍。""山上的人，不要瞧不起山下的人，终有一天，他们会上山取代你……"

洞藏酒、酒糟酒们，打造自己的 IP 才是正道

洞藏酒、酒糟酒们喜欢找大师"背书"。

不过这次，竟然把饭碗扣到酱香酒酿酒大师、茅台镇商会会长任远明头上来了。

这事背后，究竟有什么"名堂"？

001　这个洞藏酒广告里的"大师"，是真大师

2017 年 4 月 13 日，仁怀市酒业协会官微一则声明引发行业关注：

贵州国酒香酒业股份有限公司发布了大量"茅台镇洞藏酒"销售信息，消息中该公司宣称与任远明合作，并强调"我们也希望他们得到更多人的了解和尊重，他们产品能让更多人品尝到，所以我们推出了他们的代表作……"且使用了任远明的正面肖像 4 幅。

在很多人的印象中，洞藏酒广告里的"大师"，多半就像医疗电视广告里的"专家"一样，真真假假，天知地知。国酒香酒业这个做法，明显是不按常理出牌嘛。

任远明在声明中称："本人及本人名下之贵州省仁怀市茅台镇远明酒业（集团）有限公司，从未与国酒香酒业进行产品、技术、宣传等任何形式的合作，更未授权其使用本人肖像及名誉。"

截至目前，国酒香酒业未对此事作出回应。那么，任远明何许人呢？在企业，他是贵州省仁怀市茅台镇远明酒业（集团）有限公司董事长；在茅台镇上，他是大人、孩子称呼的**"任大胡子"、"任四哥"、"任四爷"**；在行业，他是仁怀市酒业协会副会长、茅台镇商会会长、酱香酒酿酒大师。

洞藏酒广告里的"大师"，货真价实，不是骗子。洞藏酒、酒糟酒们找大师"背书"，竟然把歪心思用到了酱香酒酿酒大师、茅台镇商会会长的头上。

002 茅台镇洞藏酒广告里的"大师"，背后究竟有多少"导演"

在核实过程中，任远明还发现，**至今仍有 10 余家冠名茅台镇的白酒企业，未经他授权，在互联网销售或商业活动中，持续使用他的肖像。**

在淘宝等电商平台上，几家产品生产商并非远明酒业的店铺，却使用了任远明头像的店铺，宝贝页中说**"一脸胡子，像极了曹操"**；有的还把他在酒业协会中国酒都十大质量奖视频中的同期声用上了。

可口可乐说，**"一直被模仿，但从未被超越"**。在白酒行业，这句话只有茅台做到了。"我一直被超越，从未被模仿"，对肖像被盗用，任远明自己也感到十分意外。

在茅台镇卖酒，要找一位大师"背书"并不难。为什么这些洞藏酒偏偏选中了任远明呢？

正如广告所说，他"一脸胡子，像极了曹操"，具有极高的辨识度。一些使用任远明头像、倒卖洞藏酒、酒糟酒的店铺，发货地址显示为遵义、贵阳、郑州——远明酒业集团官网上任远明的高清大头像，为他们远程"盗图"提供了便利。

洞藏酒、酒糟酒广告里的"大师"，在"导演"们的辛勤努力下，原来是这样的炼成的。

003　语重心长的声明，能唤醒那些装睡的"洞藏酒"吗

远明酒业电商部的工作人员，通过外地客户反馈，才了解掌握到国酒香酒业盗用任远明肖像的情况。随后，他们联系到了国酒香酒业的有关人员，双方见面后还发生了争执。

作为茅台镇商会会长，在这件事情的处理中，任远明保持了行业前辈的姿态，十分克制。他说，发个声明澄清一下，对方只要停止使用就行了。

他在声明中还呼吁，**"恪守茅台镇酱香酒传统、敬畏自然、感恩天地，进一步坚定信仰、传承古法、守护工匠精神，坚决执行酱香酒标准体系，尊师重教，崇本守道，为传承、创造、分享中国酱香酒美好价值而奋斗。"**

与任远明的语重心长相对应，互联网上的洞藏酒、酒糟酒仍车载斗量。各种头衔、各种头像的大师、专家，铺天盖地；"美女老总，亲手埋藏"、"压箱底的老酒"、"白酒滞销，帮帮我们"、"假酒不得好死"不绝于眼。

但是，与两三年前洞藏酒、酒糟酒刚上市相比，这些产品的售价无一例外严重下滑。当年，洞藏酒、酒糟酒也有一两百一瓶的，**现在基本不会超过60元一瓶了**，有的已经把价格杀到 9.9 元/瓶。

"茅台镇"三字，正在迅速泛化和贬值。语重心长的声明，能唤醒那些装睡的"洞藏酒"吗？

004　掏出身份证，每个茅台人都是酱酒的 IP

至少在酱香酒这个圈子里，任远明是个名符其实的 IP——当你认识一个人的时候，他会通过你传递出来的信息，认知到你是怎样的一个人，并建立起"基础信任"。

任远明那标志性的大胡子，让人一见难忘。远明酒业集团官网及电商渠道都使用了任远明的肖像。远明宣称不卖低质劣质酒——这是任远明的底线。按任远明的说法，他的酒只卖三种人：**懂酱酒的、喝得起酱酒的、收藏酱酒的**。

也许是无意之中，任远明的言行正好符合个人 IP 法则：精准定位、独特形象、内容输出。IP 化生存时代，你就是自己的网红。因为见解独到，语言犀利，有人称任远明是茅台镇的"思想家"；因为白手起家，有人说他是茅台镇的"实干家"。

　　盗用，或者说"借用"他人肖像为产品背书——从法律讲，这涉嫌侵权；从市场讲，却是一种"进步"。只是，这一步迈得有些难看。

　　洞藏酒、酒糟酒们，有没有耐心和意愿，停一停，打造属于自己的 IP？哪怕每个茅台人，只要拿出身份证，在酱香酒行业就是一个 IP——前提是你不是"李鬼"（假货、仿冒品），你用你的言行来证明，你很"靠谱"。

飞天茅台，"飞"去不可：起底茅台机场的"前世今生"

2017 年 4 月 23 日，随着中国民用航空局飞行校验中心一架 C560 型飞机平稳降落在茅台机场跑道上，茅台机场开始投产校验飞行。

茅台机场通航在即，举城上下一片欢庆。山荣带您回顾机场建设历程，重温那些鲜为人知的感人故事。

001　从杨保坝到车家湾，再到银水，机场选址经历波折

1999 年，贵州省政府将建设仁怀机场列入"西部大开发"战略的重要项目。

是年 12 月，根据时任贵州省省长钱运录的指示，遵义市、仁怀市正式启动仁怀民用机场项目前期申报工作。2000 年 4 月，在仁怀市政府召开的机场建设领导小组会上，初选点为中枢杨保坝、鲁班车家湾和高大坪银水。随后，立项、预可研等工作紧锣密鼓推进。

当年《仁怀报》的报道称，"祖祖辈辈想都不敢想的事情将要成为现实"。可以相见仁怀人民对机场的期待。以至原空军某部退役地勤人员、农民喻深达写信给报社，建议机场选址在坛厂楠木黑山堡一带。

002　从新舟机场到茅台机场，机场建设命运坎坷

到 2005 年，国家民航总局对机场场址完成审查，启动编制项目建议书等前期准备工作。次年，遵义市提出构建综合交通运输体系。计划未来 5 年，启用遵义县新舟机场，开工建设茅台机场。

于是，贵州省政府在考虑新舟、仁怀机场建设时，基于多方面原因，决定先改建新舟机场，仁怀机场建设项目被暂时搁置。

2011 年 4 月，为贯彻落实"一看三打造"战略，贵州省委、省政府决定重新启动仁怀机场建设项目。随后，机场建设项目列入国发二号文件、《"十二五"综合交通运输体系规划》机场建设项目。2012 年 12 月 19 日，国务院总理办公会审定通过，同意新建贵州仁怀民用机场。是年 12 月下旬开工，2015 年 3 月全面开工。

003　从仁怀支线机场到茅台机场，机场名字牵动众人心

2012 年 5 月，就在仁怀的机场进入施工阶段的关键时期，媒体报出四川宜宾决定将宜宾机场搬迁并命名为"五粮液机场"。此消息一出，立即受到很多网友关注。而仁怀的机场，也陷入舆论旋涡。

早在 2000 年，时任仁怀市长谭智勇在选址工作会上就提出，仁怀机场应更名为茅台机场，以期扩大知名度，提升影响力。此后，茅台机场成为全市上下的共识。

2016 年年初，国家民航局批复同意，原贵州仁怀民用机场正式命名为遵义茅台机场。

2017 年 10 月 31 日，茅台机场正式通航。

"由茅台机场飞往宜宾机场的航班就要起飞了"，终于梦想成真。

白酒低迷期这几年，山荣搞酱香酒文化的几点个人思考

在经历了 2013 年至 2016 年的低迷期后，白酒行业在 2017 年迎来了真正的复苏反弹。

在那个白酒行业的低迷期，山荣把个人重心摆在了搞茅台酒文化上。

虽然行业低迷，但找山荣搞酒文化的人却比较多。过去的 2017 年，更是山荣最忙的一年，服务的企业和品牌，几乎是 2016 年的两倍。

所以，山荣的几点思考和总结拿出来，与大家共勉。

001　山荣得以生存，全托茅台的福

2017 年，山荣搞酒文化，采取的模式主要有两种：一种是个人顾问，一种是文案，都是通过出卖个人时间获得报酬。

山荣清醒地明了：我的所谓酒文化，在"北上深杭"那些大咖面前，就是小儿科。但是，我也懂得，山荣在茅台镇的存在，实践证明是合理的。

个人顾问，可以做任何事情，也可以什么事都不做。也就是说，没有任何确定的 KPI（关键绩效指标）。这种情况下，你对山荣的信任就很重要，否则对双方都没有实际意义。找我搞酒文化的，都是对我个人有所了解，对我过去做的事也有所了解的人。

文案上，特别是在酱香酒的商务文案上，山荣并不认为自己的水平有多高。这种东西，还有一个弱点："不可回收"。找我的人，多半读过我的《茅台酒文化笔记》，看过我的《人文茅台》。

在酒都仁怀，离开卖酒谈赚钱简直就是笑话。但是，在行业低迷期，山荣偏偏不卖酒，以搞酒文化的方式"寄生"于这个行业，并且活了下来。

如果没有茅台，山荣走不到今天。所以，山荣得以生存。全托茅台的福！

002　山荣搞酒文化，并不是一门生意

2017 年，山荣服务的品牌，不光有酒业，还有其他的行业。和朋友聊起自己的"工作"，他甚至认为，这是品牌策划？是顾问？

是的，这就是山荣所说的个人顾问。我的理解，你烤酒、卖酒的时候，我在读书；你大把赚钱的时候，我也在读书。山荣站在第三方的角度、超脱地提出一些中肯的建议意见，有什么不好呢？这难道不就是顾问的价值吗？

很多酒厂，埋头生产，对品牌、对文化几乎无感。山荣不卖酒，但我懂酿造；山荣不搞营销，但我研究酒文化。对酱香酒的产品、传播，对品牌的审美、认知和感觉，我逐步形成了自己的一套心法。比起那些花里胡哨的营销咨询、文化传媒公司，我以为自己是有存在空间的。

这么说，山荣搞的确实不是所谓的酒文化了。但是，山荣可能比你还了解你自己，而且，我不会"顺着你的毛毛抹"，我会真诚地为你着想。

对你、对我，选择确实比努力更重要。2002 年开始，我就写酒方面的文章发表。后来出版了几本与茅台、与酱香相关的书，得到了行业的认同。我现在的定位是"独立酒文化顾问"，为品牌提供的首先是文化、是战略方面的思考。

何况，学术也好，研究也罢，山荣必须与行业、与实操亲密接触，否则我的咨询、写作必然是无源之水、无根之木。

003　山荣的瓶颈

2017 年酱香酒行业明显回暖，我也比 2016 年更忙了。但是，靠出卖我个人时间的这种方式，就出现了瓶颈。

有人说，山荣把巧克力卖成了洋芋粑。我不反对，但也没有承认。咨询、服务的报酬，不可能无限制地"要价"，很快就会达到上限。个人精力毕竟所限，你能服务的品牌，铁定也不能太多。

所以，山荣的瓶颈已经到来。

其实呢，还有另外一种增长模式，就是把自己的时间复制出去。比如，红缨子高粱之父涂佑能的新品种，他即便有一天不经营红缨子公司了，只要红缨子高粱在种植，他个人的时间就被复制出售了。

2017 年搞了两场"山荣说酒"，第二场每人交了点钱给我。除去茶水、点心等，略有结余。两次活动都送了我的作品，如果按商业算账，并没有赚钱。

有人邀请我加盟种种项目，无一例外，我都拒绝了——我不做自己不擅长的事情。而且，搞酒文化本身，才是我的目的。

2018 年，我会进一步缩减服务的项目，更精心地陪伴你，和你一起成长。

004　奇葩的人和有趣的发现

2017 年 12 月 26 日，"辛辛苦苦已四年，一夜回到六年前"，我二进宫，回到了老地方——体制内的某个岗位。

一方面，今后我再搞酒文化，至少从规矩上讲名正言顺。另一方面，也可能有更多的时间、更充裕的精力。

为此，我花了几天时间，静下心思考了一些问题。

我曾经以为，是我的文案写得好，而且懂传播。但现在我发现，不是的。**我只是会写的人当中"懂酒文化的人"而已。**

我曾经以为，我的层次不够高大上。但现在我发现，作为本地人，"墙内开花"墙内八成是不香的，某公司但凡涉及钱的事情，是不会找我的。而我的主要对象，说白了还是地方的中小老板们。所以，层次高低不是问题，有效、无效才是问题。

005　个人的学习与提升

2017年，买书很多，近100本；读书不多，不超过20本。

看书主要是上半年，那时相对清闲，啃了几本所谓的经典。下半年，主要是不停写稿，写的时候，要查阅大量资料，思考问题——这也是学习的重要方式。

个人到成都、到深圳、到上海参加学习培训三次，其中一次有学习成果"转化"。

通过喜马拉雅，购买了吴晓波、醉鹅娘、叶茂中的专栏。认真听完了80％的节目，有的还做了笔记。

山荣的事业终于没有死掉。而且，在行业新媒体中，不在人前不在人后，貌似还刷出了存在感。"山荣说酒"等栏目全年更新不少于20万字。

苹果读书会的活动数量持续下滑。主要原因是"苹果核"都很忙，没怎么打理。但我个人认为，活动的质量有很大提高。

计划在春节之前再搞一场"山荣说酒"。在朋友圈征求意见，反响热烈：一是要收茶钱；二是"邀请制"，意思是我请你了，你才能来；三是你可以点题，我来解读回答。

以上，就是山荣的2017年；当然，不是全部。

后记："山荣说酒"，这样就挺好

从 2016 年 11 月 18 日到 2018 年 11 月 18 日，"山荣说酒"（个人的微信公众号）连续发布了两年关于酒文化的文章，"山荣说酒"这个品牌在很多卖酒人、买酒人心目中有了一席之地。

这两年的时间，我连续作战，每天都奋笔疾书，研究酒的历史，分析酒业趋势，探讨酒业发展。写不动的时候，我会想：如果没有"山荣说酒"这个公众号，我现在会做什么？

可能会是继续写我原来的豆腐块，在传统纸媒上偶尔见到自己的名字。也可能继续保持"愤青"形象，在朋友圈里装模作样地聊点有的没的。

反正写作这件事本身，应该是不会停下来的吧，无论去往何方。

2017～2018 年里，微信给出的统计数据，"山荣说酒"更新了 350 多篇原创文章。如果加上之前没有拿到原创标的时候写的，这个数字加起来我估计会突破 400 篇。其中，我本人亲自操刀的文章，不会少于 200 篇。

当然，数字没有多大意义。我深知里面不少文章价值不大。

但数字的不断变化有个好处，它会提醒我这几年一直在做的这件事，还在继续。

包括我想做的一些选题，我想尝试的写法，除了图漫类和视频类的做法碍于机缘之外……这些想过的瘾都过了。

重要的是，正是因为这个号的支持，"山荣说酒"得到了更多人的认可和喜爱，并通过它，认识了更多的朋友。

当然，也有不满甚至指责。但是，不要紧。这两年时间里，关注"山荣说酒"的读者们，有新人来，也有老人走；有人看完文章认真地写下自己的想法，也有人只是点开来抢个沙发消遣下；有人因为一个观点不合，半夜打电话找我兴师问罪；也有人送来好消息，说自己好像开始知道怎么"销酒"、怎么卖酒了；有人说山荣你变了，偏激得好像不曾认识你；也有人说因为你的这篇推送，打通了手上正在遇到的一个难题……

这些点赞的、批评的、谩骂的、认真讨论的，我互动过、回应过、回怼过、拉黑过，也受到大家的启发过。事后想想，这才是微信公众号最真实也是最迷人的地方。

就像是一个人在一个阶段会有自己不同的想法，一家酒厂、一个品牌在不同的阶段会做不同的事情一样。只要确定是自己当下这一刻的心境，说完做完，继续往前走就是了。

何况，网络世界那么大，没有谁一定要理解谁，也没有谁一定要长伴着谁。

前几天写文章，偶得"金句"：一个人的成长经历，终将成为他自己的墓志铭。于旁人，无关紧要；于自己，重若千钧。

还有一点反思，就是我这人做事总是慢半拍。幼儿园的时候是这样，30多年过去了，还是这样，一点进步没有。2013年的时候有人劝我开公众号，我左思右想就是没干。现在有人劝我搞视频、音频，我看这么下去恐怕也遥遥无期。

特别要感谢贺博士！2016年11月9日，我注册了"酒业通讯社"。两年来，他任劳任怨地编辑，不辞辛苦地推送。他是"山荣说酒"的"劳模"。

关于接下来的这一年，除了会继续写我想写的内容外，"山荣说酒"暂时也没有什么明确的计划。

但是有件事，对还在关注"山荣说酒"的人，是有必要说一声的：

2016年前，"山荣说酒"要么发表在纸媒上，要么在各种场合吹壳子。那时，我是有那么一点"自以为是"，甚至有一些"自鸣得意"。毫不夸张地讲，两年前的自己，确实有些呆蠢。

如今的"山荣说酒",有你见证。你喜不喜欢,喜欢到什么程度,我一目了然。我一偷懒,你就知道。所以,我想继续挑战一下自己:把2017、2018年在"山荣说酒"上刊发,以及种种情形下"说酒"的文章,遴选以后结集出版。

另外,如果说我自己对这个公众号还有什么期许的话,此刻的想法是:希望多年后有人再翻开这个号的推送,"山荣说酒"曾经有过那么一刻,像过一道闪电,亮过那些同路人的心间……

这样,其实也就很好!